学习 改变未来
XUEXI GAIBIAN WEILAI
爱·迪·生·科·学·馆

KONGLONG BAIKE
恐龙百科

主编/魏红霞

编者/王　起

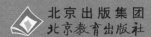

北京出版集团
北京教育出版社

阅读成就梦想 学习改变未来

亲近阅读，分享快乐，爱上读书

本套丛书以提高学生学习成绩、提升学生思维能力、关注学生心灵成长等全面发展为出发点，精心编写，内容包罗广泛，主要分为五大系列：

爱迪生科普馆

—— 体验自然，探索世界，关爱生命

这里有你不可不知的百科知识；这里有你想认识的动物朋友；这里有你想探索的未解之谜。拥有了这套书，你会成为伙伴中的"小博士"。

少年励志馆

—— 关注心灵，快乐成长，励志成才

成长的过程中，你是否有很多烦恼？你是否崇拜班里那些优秀的学生，希望有一天能像他们一样，成为老师、父母眼里的佼佼者？拥有这套书，让男孩更杰出，女孩更优秀！

开心益智馆

—— 开动脑筋，启迪智慧，发散思维

每日10分钟头脑大风暴，开发智力，培养探索能力，让你成为学习小天才！

小博士知识宝库

—— 畅游学海，日积月累，提升成绩

这是一个提高小学生语文成绩的好帮手！这是一座提高小学生表达能力的语言素材库！这是一套激发小学生爱上语文的魔力工具书！

经典故事坊

—— 童趣盎然，语言纯美，经典荟萃

这里有经典的童话集，内容加注拼音注释，让学生无障碍阅读，并告诉学生什么是真善美、勇气和无私。

图书在版编目（CIP）数据

恐龙百科 / 魏红霞主编 . —北京：北京教育出版社，2014.1
（学习改变未来）
ISBN 978-7-5522-2944-8

Ⅰ . ①恐… Ⅱ . ①魏… Ⅲ . ①恐龙 – 青年读物②恐龙 – 少
年读物 Ⅳ . ① Q915.864-49

中国版本图书馆 CIP 数据核字（2013）第 262696 号

学习改变未来

恐龙百科

主编／魏红霞

＊

北 京 出 版 集 团
北 京 教 育 出 版 社 　出版
（北京北三环中路 6 号）

邮政编码：100120

网址：www. bph. com. cn

北 京 出 版 集 团 总 发 行

全 国 各 地 书 店 经 销

辽宁虎驰科技传媒有限公司印刷

＊

720mm×960mm　16 开本　21 印张　312 千字
2014 年 1 月第 1 版　2020 年 11 月第 15 次印刷

ISBN 978-7-5522-2944-8

定价：24.80 元

目录 CONTENTS

第一章　恐龙概述

第二章　走进三叠纪

第三章　探秘侏罗纪

第四章　追寻白垩纪

第五章　恐龙灭绝之谜

第一章

恐龙概述

从2.4亿年前到6500万年前，恐龙由出现到灭绝，统治了地球大约1.75亿年。中生代的恐龙多种多样，有肉食恐龙，也有植食恐龙。古生物学家通过对恐龙化石的研究展开了对恐龙的研究。让我们跟着古生物学家一起来探索恐龙的世界吧！

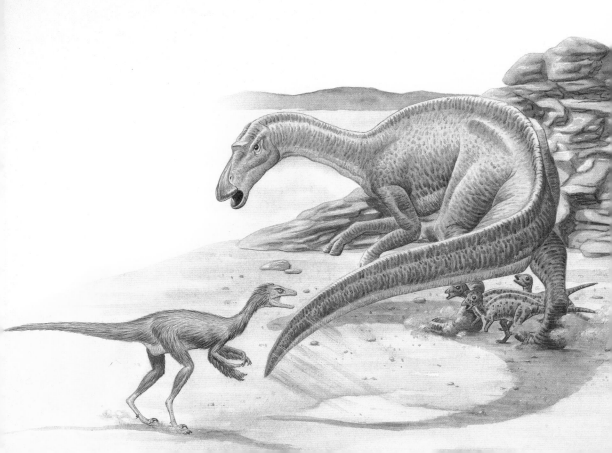

认识恐龙
RENSHI KONGLONG

大约在2.4亿年以前，在人类还没出现的遥远年代里，一群前所未有的生物——恐龙出现在地球上。它们中既有史上最大的陆生动物，也有最致命的掠食者。但是，从来没有人见过活着的恐龙，因为它们早在6500万年前就已经灭绝了。

独特的爬行动物

恐龙属于爬行动物，和其他的爬行动物如鳄鱼、蜥蜴一样，恐龙也是卵生动物，并且全身覆有鳞状、隔水的表皮。大多数爬行动物的四肢都是从身体的侧面伸出来的，而恐龙的四肢则从身体下面把身体支撑起来，可见恐龙的四肢比其他爬行动物的强壮得多。

恐龙的多样性

迄今已发现了许多种类的恐龙。它们有的和一只母鸡差不多大，有的却有10头大象那么大。肉食

◤似鸡龙长有
无齿的嘴。

◀青岛龙长有
骨质冠。

◤食肉牛龙头上
长有硬角。

恐龙拥有锋利的牙齿，而某些植食恐龙则长有无齿的喙。还有脸部长角、头上长冠的恐龙。

恐龙生活在什么时代

恐龙生活在中生代，即距今2.4亿~6500万年前的那段时期。中生代又被分成3个纪：三叠纪（恐龙出现的时代）、侏罗纪、白垩纪。每种恐龙都在地球上繁衍生息了数百万年，而每时每刻又会有新的种类诞生。恐龙曾经统治地球长达1.75亿年，是自地球形成以来最成功的动物种类之一。

前寒武纪时代
出现软体生物
6.45亿年前

4.95亿年前
出现拥有骨骼的生物

出现鱼　出现陆生植物
奥陶纪 4.4亿年前
出现陆生动物

志留纪 4.17亿年前
出现两栖动物

泥盆纪 3.54亿年前
出现会飞的昆虫
出现会飞的昆虫　出现森林

石炭纪

2.92亿年前

出现恐龙

2.50亿年前

二叠纪
出现会游泳的爬行动物

三叠纪 2.05亿年前

侏罗纪
出现大型蜥脚类恐龙

出现哺乳动物

出现鸟类

1.42亿年前
出现有花植物

白垩纪

6550万年前
最后的恐龙

出现马

第三纪
出现大象
出现猫科动物
出现原始人类

181万年前
第四纪

这个时间轴展示了从最初的植物和动物的诞生到今天的人类文明的地球编年史。

3

恐龙的分类
KONGLONG DE FENLEI

[迄今为止，人们已经发现了超过900种不同种类的恐龙。为了研究这些形形色色的恐龙之间的关系，古生物学家们根据某些共同的特征对恐龙进行了分类。]

"蜥臀"与"鸟臀"

恐龙被分为两大类：蜥臀目恐龙和鸟臀目恐龙。蜥臀目恐龙长有和现在蜥蜴相似的臀骨。鸟臀目恐龙则有着和现在鸟类相似的臀骨。

剑龙　　肿头龙　　三角龙　　甲龙

棱齿龙

最大的类群

鸟臀目恐龙组成了恐龙里面最大的类群。它们都属于植食动物，并且大多数喜欢群居。

鸟臀目恐龙又可划分为5类：剑龙类、肿头龙类、鸟脚类、角龙类和甲龙类。

植食恐龙和肉食恐龙

蜥臀目恐龙被分为蜥脚亚目和兽脚亚目。大部分蜥脚类恐龙都是植食动物，它们大部分时间用四条腿行走，并拥有长长的脖子和尾巴。蜥脚类恐龙中有恐龙世界中最大和最重的恐龙。

兽脚类恐龙是恐龙世界中的杀戮者。它们是靠两条腿行走的、迅捷无比的动物。它们中的大部分是肉食动物，长有尖锐的牙齿和锋利的爪子，用来捕食猎物。

和许多兽脚类恐龙一样，暴龙长有尖锐的锯齿状牙齿，可以从猎物身上撕咬大块的生肉。

兽脚类恐龙的利爪帮助它们捕捉猎物。

兽脚类恐龙的足部长有四个脚趾，但只有三个用于行走。大脚趾稍稍抬起，正好不接触地面。

5

恐龙活动时间轴
KONGLONG HUODONG SHIJIAN ZHOU

[**恐**龙大约生活了1.75亿年。它们总在随着时间推移而进化：新物种出现、旧物种灭绝。这个时间轴显示了不同种类的恐龙存活的年代。]

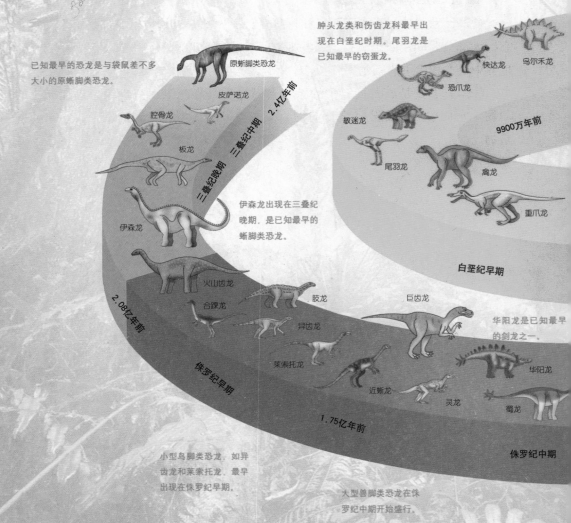

肿头龙类和伤齿龙科最早出现在白垩纪时期。尾羽龙是已知最早的窃蛋龙。

已知最早的恐龙是与袋鼠差不多大小的原蜥脚类恐龙。

原蜥脚类恐龙

皮萨诺龙

快达龙　　乌尔禾龙

恐爪龙

敏迷龙

腔骨龙

板龙

9900万年前

尾羽龙　　禽龙

三叠纪晚期　三叠纪中期　　2.4亿年前

伊森龙

重爪龙

伊森龙出现在三叠纪晚期，是已知最早的蜥脚类恐龙。

火山齿龙

白垩纪早期

2.08亿年前

合踝龙

肢龙

巨齿龙

异齿龙

华阳龙是已知最早的剑龙之一。

莱索托龙

侏罗纪早期

近蜥龙

灵龙

华阳龙

鄯龙

1.75亿年前

侏罗纪中期

小型鸟脚类恐龙，如异齿龙和莱索托龙，最早出现在侏罗纪早期。

大型兽脚类恐龙在侏罗纪中期开始盛行。

巨龙
奔山龙
伤齿龙
肿头龙
三角龙
镰刀龙
栉龙
结节龙
似鸟龙
暴龙

白垩纪晚期

6500万年前

最早的鸟类始祖鸟出现在侏罗纪晚期。

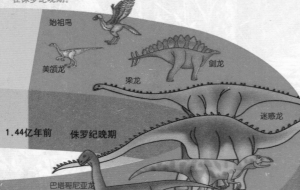

始祖鸟
美颌龙
梁龙
剑龙
迷惑龙

最晚的恐龙生活在6500万年前的地球上。迄今所知，没有一只恐龙在6500万年前这个时期以后存活。

1.44亿年前
侏罗纪晚期

巴塔哥尼亚龙
异特龙
美扭椎龙

到了侏罗纪晚期，蜥脚类恐龙通常拥有惊人的体形。例如，迷惑龙和梁龙可以长到20米长，甚至更长。

1.54亿年前

原蜥脚类恐龙在侏罗纪中期就灭绝了。

7

恐龙家族结构图
KONGLONG JIAZU JIEGOUTU

这 张图表显示了不同类别的恐龙的相互关系。每个分支的末端画着的恐龙代表了这个类别包含的不同物种。

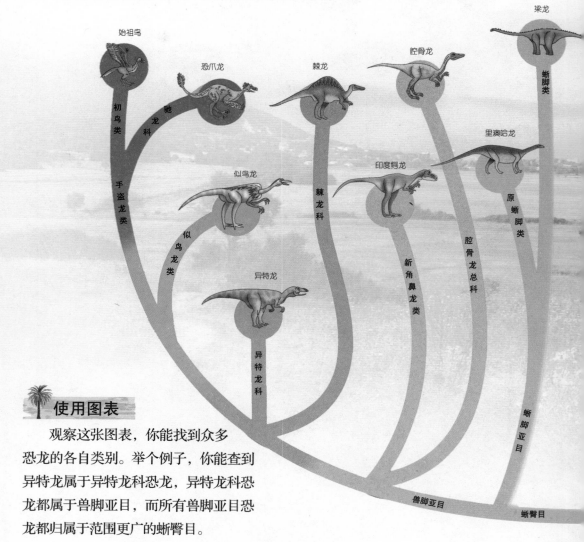

梁龙

始祖鸟

恐爪龙

腔骨龙

棘龙

蜥脚类

里澳哈龙

初鸟类

驰龙科

印度鳄龙

原蜥脚类

似鸟龙

手盗龙类

似鸟龙类

棘龙科

腔骨龙总科

异特龙

新角鼻龙类

蜥脚亚目

异特龙科

使用图表

观察这张图表，你能找到众多恐龙的各自类别。举个例子，你能查到异特龙属于异特龙科恐龙，异特龙科恐龙都属于兽脚亚目，而所有兽脚亚目恐龙都归属于范围更广的蜥臀目。

兽脚亚目

蜥臀目

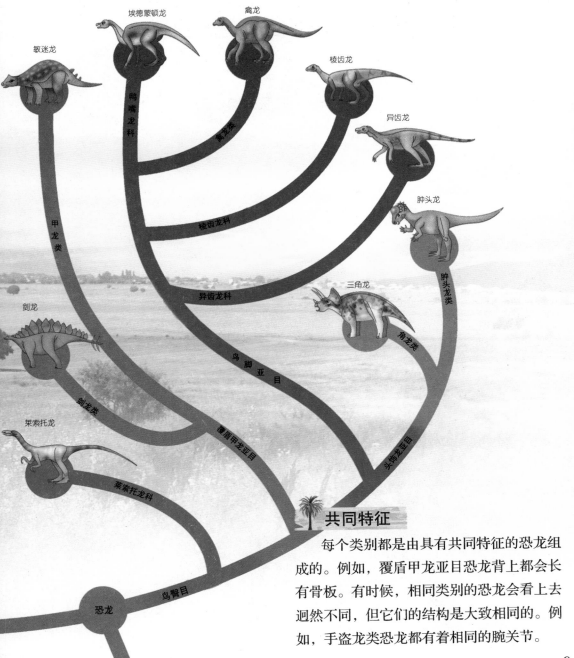

埃德蒙顿龙

禽龙

敏迷龙

棱齿龙

异齿龙

肿头龙

三角龙

剑龙

莱索托龙

鸭嘴龙科

甲龙类

棱齿龙科

异齿龙科

鸟脚亚目

肿头龙类

角龙类

剑龙类

覆盾甲龙亚目

头饰龙亚目

莱索托龙科

恐龙

鸟臀目

黄龙类

共同特征

每个类别都是由具有共同特征的恐龙组成的。例如，覆盾甲龙亚目恐龙背上都会长有骨板。有时候，相同类别的恐龙会看上去迥然不同，但它们的结构是大致相同的。例如，手盗龙类恐龙都有着相同的腕关节。

奇异的恐龙化石
QIYI DE KONGLONG HUASHI

[一些恐龙死后，其尸骨在岩石中逐渐变成化石。通过研究这些化石，古生物学家们可以得到关于恐龙的大量信息，尽管它们早在几千万年前就已经灭绝了。]

这是一具剑龙骨骼化石。它几乎完整无缺、因而古生物学家可以很容易地推测它的外形。

剑龙从后颈、背部到尾部生有一排骨板。这排骨板让剑龙看起来更有威慑力，抑或可以帮助它在求偶时吸引异性。

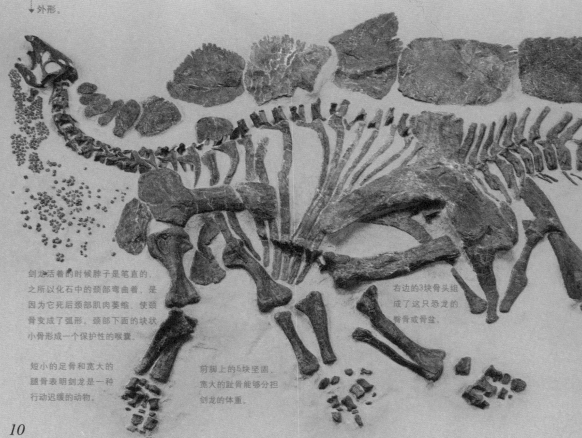

剑龙活着的时候脖子是笔直的，之所以化石中的颈部弯曲着，是因为它死后颈部肌肉萎缩、使颈骨变成了弧形。颈部下面的块状小骨形成一个保护性的喉囊。

右边的3块骨头组成了这只恐龙的髋骨或骨盆。

短小的足骨和宽大的腿骨表明剑龙是一种行动迟缓的动物。

前脚上的5块坚固宽大的趾骨能够分担剑龙的体重。

被埋藏的尸骨

动物尸体变成化石的情况非常罕见，它们通常会被吃掉，骨骼也会被其他动物弄散，或者腐烂掉。但因为地球上曾经生活着数百万只恐龙，所以我们能够发现大量的恐龙化石。大多数化石是在动物死于水中或靠近水边的情况下形成的：尸体会被泥沙掩埋，成为沉积物。

变成化石

经过几百万年的演变，覆在动物尸体上的沉积物逐渐分层。每一层都会对下层施加很大的压力，致使沉积物慢慢地转变成岩石。岩石里的化学物质会从动物的骨头和牙齿的小孔里渗进去。这些化学物质以极其缓慢的速度逐渐变硬，于是动物骨骼就变成了化石。动物身体的坚硬部分变成的化石，比如牙齿和骨头等，被称为遗体化石。

骨板的尺寸沿着尾巴逐渐变小。没有任何两块骨板是一样大小或相同形状的。

遗迹化石

古生物学家们还发现了变成化石的恐龙足迹、带有牙齿咬痕的叶子，甚至还有恐龙的粪便。这些化石被称为遗迹化石，因为它们是恐龙生活留下的痕迹。遗迹化石和遗体化石有着不同的形成方式。例如，足迹在动物踏过软泥地时形成，经过几万年之后硬化成岩石，于是动物的足迹就被保存了下来。

下肢比上肢更长，这使得剑龙的头部向下低垂，几乎贴到地面。

这些是剑龙用来自卫的尾刺。

恐龙木乃伊

极少数恐龙被发现时连肉体也完整保存。这样的情况只有在恐龙的尸体在高温、干燥的条件下被快速烘干的时候才会发生。这个过程就是众所周知的"木乃伊化"。

恐龙百科
KONGLONG BAIKE

寻找恐龙化石
XUNZHAO KONGLONG HUASHI

一具窃蛋龙骨骼化石在戈壁沙漠被发现。强风将戈壁沙漠中的岩石风化，于是化石便裸露出来了。

图为加拿大艾伯塔省恐龙公园。大片裸露的中生代沉积岩使它成为搜寻恐龙化石的完美场所。

12

[有]时候人们会在不经意间发现恐龙化石，但更多的化石则是由古生物学家们在有计划的考察中发现的。这些考察活动常常需要持续数年，并在险恶的条件下深入展开。

到哪里寻找

化石只在沉积岩层中被发现，因此古生物学家们会在中生代沉积岩中搜寻恐龙化石。虽然恐龙只生活在陆地上，但它们的尸体往往会随着河流进入海洋，所以古生物学家们也会到曾经存在过中生代海洋的地区展开工作。

 化石猎场

　　许多中生代的沉积岩已被深埋在地底。为了寻找恐龙化石，古生物学家们需要进入地表岩层已被河流或海洋破坏、暴露出中生代岩层的地区。中生代岩层也会在人们开采矿石或开凿岩石修建公路时暴露出来。

　　最佳场所

　　寻找恐龙化石的最佳场所是那些岩石被大范围持续侵蚀的地区。这些地区往往是偏远的沙漠或裸露的岩石地区，即人们所说的荒地。荒地大多是险峻、狭窄的山谷，同时也是不毛之地，这使得从岩石中露出的恐龙化石能被轻易发现。

隐蔽的化石

不幸的是，古生物学家们并不能探查所有的中生代沉积岩。一些中生代岩层被深埋在其他岩层、土壤、水，甚至建筑物底下。因而，有许多恐龙化石将被永远地埋藏。例如，悬崖中的化石，可能在被人们发现之前就被冲蚀掉了。有些地方则会因为战争、政治因素或恶劣的气候条件而无法到达。

偶然发现

有些惊人的发现是由农民和修路工人偶然间获得的。最近的一项重大发现来自阿根廷巴塔哥尼亚的一个农民。他偶然看到了从地面露出的动物残骸，事后残骸被古生物学家们证明是某条超长恐龙的颈骨。

发掘恐龙化石
FAJUE KONGLONG HUASHI

[**对** 恐龙化石进行挖掘、运输和清洗的过程艰难而又耗时。准备工作
和检测恐龙骨骼也需要花费古生物学家们数月甚至数年的时间。
在这之前，每一项恐龙化石发现的意义都是未知的。]

图片中一队美国古生物学家正在
非洲挖掘一具恐龙骨骼化石。他
们使用锤子、凿子等工具来除去
化石周围的岩石和泥土。

 **剥离化石**

发现化石后，古生物学家们就会用鹤嘴锄、铲子、锤子和刷子将周围的岩石和泥土小心地移除。部分坚硬的岩石会使用更强有力的工具甚至炸药来除掉。化石周围的大片区域也会被仔细地检查，因为附近可能留有同一只恐龙的更多遗骸。

这个遗址位于撒哈拉沙漠中，那里的古生物学家一连数小时在酷热干燥的环境下工作。

这是一张X光照片，可以看到恐龙蛋里未出生的恐龙。

古生物学家们有条不紊地将岩屑除去，使它们不会和化石碎片混在一起。

记录信息

一旦古生物学家们发掘了某个遗址的全部化石，他们就会对每块化石进行测量、拍照、绘图和贴标签。每块碎片的具体位置也会被小心记录。这些详细信息是日后骨骼重构所必需的。

将浸泡过石膏的带状物覆盖在大块的化石上。石膏迅速凝固，变成一层硬壳，以保护化石。

木板被固定在化石底下。它们起到底座的作用，防止化石在运输过程中滚动。

搬运化石

化石出土后，要包裹起来以免损坏。小块化石可用纸包上然后放进包里，而大块则用石膏包裹。通常情况下，化石仍会以嵌在岩石中的形态存在，因此岩石也会被石膏包起来。一些化石过于沉重，不得不用起重机来搬运。

搬运恐龙化石

↑ 清洗恐龙化石

 **仔细清洗**

　　化石的清洗和准备工作在实验室里进行。首先，要把保护层切割掉，再将化石周围的所有岩石细心打磨掉，或用弱酸溶剂溶解。其次，用细针或牙钻小心翼翼地将仅剩的岩屑除去，并使用显微镜观察细部。骨头用化学溶剂加固，以防止它碎裂，然后保存到安全的地方。

观测内部

　　一些化石，如头骨和未孵化的蛋，藏在岩石中，不切割化石而移动岩石是不可能的。但是，复杂的X光扫描仪已经能够探知岩石里面的化石形状。使用扫描仪，古生物学家能够知道如头骨里脑室的大小或蛋里面小恐龙的位置等信息。

恐龙时代地球的变化
KONGLONG SHIDAI DIQIU DE BIANHUA

恐龙时代的地球与现在的地球迥然不同。从那时候起，新海洋形成了，大陆改变了位置，新山脉从平地隆起。这些都是由组成地球表面的巨型岩石——板块的运动所引起的。

运动的山脉

在恐龙存活的时候，今天的一些山脉尚未形成。比如说，喜马拉雅山脉在恐龙灭绝500万年之后才形成，是由亚洲板块和印度洋板块相互碰撞产生的。地壳产生褶皱隆起，从而诞生了世界上最高的山脉。像这样由两个板块碰撞而形成的山脉被称为褶皱山。

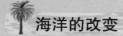 海洋的改变

　　板块运动也改变了海洋的形状和大小。当两个板块在海底相互碰撞时，其中一个板块会被挤到另一个板块底下，并在那里融入到地幔中。而在其他地方，板块与板块互相漂离，产生裂缝。岩浆从裂缝处溢出，并把它填满，从而加宽了海洋。

 化石证据

　　化石可以帮助我们推测大陆是如何漂移的。古生物学家们经常能在几个被海洋分离的大陆上发现

↓ 这些山是喜玛拉雅山的一部分。喜玛拉雅山沿着今天的印度与中国边界分布。

同一种动物的化石。并由此推断该种动物分布的各个大陆，在它们存活的时候是连在一起的。

这是一具棱齿龙化石。这种化石同时在北美洲和欧洲被人发现，表明欧洲和北美洲曾经是相连的。

21

著名恐龙猎人
ZHUMING KONGLONG LIEREN

多年以来，成百上千的人投身到搜集恐龙化石的工作中，他们被称为恐龙猎人。大多数恐龙猎人是为博物馆工作的古生物学家，但也不乏热情满怀的业余爱好者。这里将介绍几位最著名的恐龙猎人。

早期专家

英国地理学家威廉·巴克兰是最早的恐龙猎人之一。1815年，巴克兰鉴定了来自某种已经灭绝的爬行动物的化石。1824年，这种爬行动物被巴克兰命名为巨齿龙。这样，巴克兰成为第一位描述并命名恐龙的人，尽管他并没有使用"恐

吉迪恩·曼特尔是第一位认识到绝种的巨型爬行动物存在的人。

威廉·巴克兰是第一个基于一块下颌及其牙齿的残骸描述巨齿龙并为其命名的人。他是一个聪明却古怪的人，后来成了西敏斯特大教堂的主持牧师。

理查德·欧文是"恐龙"一词的发明者，同时也是第一个将它们作为一种与众不同的物种来认识的人。

龙"一词。

　　另一位早期恐龙猎人是英国医生吉迪恩·曼特尔，他也有一项早期的发现。1822年，他和妻子在一次出诊时，在苏塞克斯郡发现了数颗牙齿化石。1825年，在发现牙齿化石3年后，曼特尔将这种牙齿类似鬣蜥牙齿的动物命名为禽龙，意思是"鬣蜥的牙齿"。

　　到1840年为止，已经有9种这样的爬行动物被命名。1842年，英国科学家理查德·欧文对这些动物化石做了集中的研究。他认为，这些爬行动物属于一个之前没有被认识过的种群，他称之为"恐龙"。

科普（左图）和马什（右图）命名了大约130种恐龙，其中包括梁龙和剑龙。

生物进化与恐龙的起源
SHENGWU JINHUA YU KONGLONG DE QIYUAN

[**大** 多数科学家认为生物在漫长的岁月里逐渐改变，这种思想被称作"生物进化论"。科学家们试图用生物进化论来解释恐龙的起源和它们的灭绝。]

 化石档案

至今发现的全部化石统称为化石档案。化石档案向我们表明，在漫长的年代里动物和植物是如何演变的。从化石档案我们得知，最早的生物是一种细菌，它们在35亿年前就在地球上出现了。经过千百万年的演化，这些细菌进化成了最初的动物和植物。

进化的过程

生物是从单细胞开始的，经过上亿年的时间，海洋中聚集了各种各样的生物，包括蠕虫、水母，带壳的软体动物以及晚些出现的带骨架的鱼类。陆地也逐渐被各种生物占据，一开始是简单的单细胞植物，如藻类；后来则出现了更为复

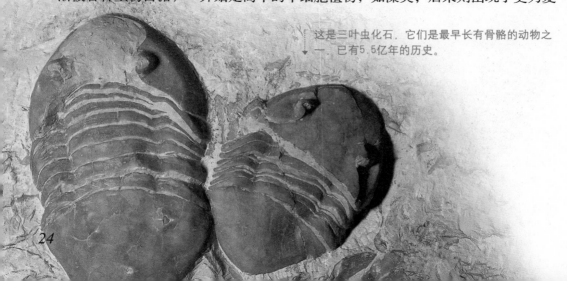

这是三叶虫化石，它们是最早长有骨骼的动物之一，已有5.5亿年的历史。

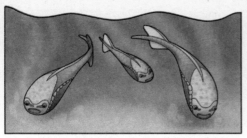

5亿年前，出现了鱼类。它们拥有粗厚的皮肉，没有颚部。当时，地球上还不存在陆生动物。

3.75亿年前，一些水生动物也许为了躲避捕食者离开了水体。它们是最早的两栖动物。

3亿年前，诞生了爬行动物。它们的身体更适合陆生生活。它们长有龟裂的鳞状皮肤，用来防止强烈阳光的照射。

大约2.4亿年前，一些爬行动物进化出足以支撑起它们的身体，使其可以离开地面的腿部，成了最初的恐龙。

杂的动物——蠕虫、节肢动物和软体动物。

在2.45亿年前，陆地上居住着许多爬行动物，其中包括后来进化成哺乳动物的似哺乳爬行动物——缘头龙和祖龙类。最早的祖龙都是肉食者，有一些是长得像鳄鱼的生有能匍匐前进的腿的动物，有一些则发展出半匍匐的站姿和特殊的可旋转的踝关节。

体形小一些的、轻盈的祖龙类动物是最早发展出可以用下肢进行短距离奔跑的动物。其中有一些发展出成熟的站姿，它们依靠身体下方直立的腿永久地站了起来。来自阿根廷的体长30厘米的祖龙类兔鳄在解剖学上处于这些完全直立的祖龙类及两类由它们发展出来的动物——会飞的爬行动物（翼龙）和恐龙之间。

北极熊生活在寒冷的北极，它们进化出厚厚的皮毛，帮助它们在冰天雪地里生存。

恐龙的身体
KONGLONG DE SHENTI

恐龙死后留下了大量的牙齿和骨头的化石，但是极少有肌肉、器官和其他部位保留下来。科学家通过对比恐龙和今天活着的动物的骨架，勾勒出了恐龙各个柔软部分的轮廓。通过这些我们已经大致了解了恐龙身体内部的结构。

蜥脚类恐龙的取食

蜥脚类恐龙必须摄入巨大数量的植物，然而它们的牙齿非常小，颌肌肉也很无力。例如，迷惑龙的牙齿长而窄，专家因此认为它的牙齿就像耙子一样，使用时会先咬住满满一口树叶，然后向后扭，将树叶从树上或灌木上扯下。

蜥脚类恐龙的长脖子

长长的脖子使蜥脚类恐龙可以够到它要吃的植物。马门溪龙的脖子是恐龙中最长的，约有11米，仅由19根

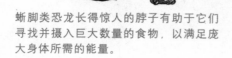

蜥脚类恐龙长得惊人的脖子有助于它们寻找并摄入巨大数量的食物，以满足庞大身体所需的能量。

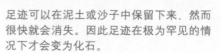

足迹可以在泥土或沙子中保留下来，然而很快就会消失。因此足迹在极为罕见的情况下才会变为化石。

骨头构成。科学家认为蜥脚类恐龙可能只需站在原地，就可以利用长长的脖子从广大的区域获取食物。然后，再向前移动，到达新的进食中心。这也意味着它们无需走太多路，因而有助于保存能量。

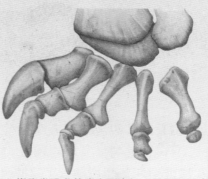

↑ 蜥脚类恐龙的脚大而宽阔，因而可以支撑起巨大的体重。体形较小的恐龙的脚则较为窄小，更适于快速奔跑。

蜥脚类恐龙消化食物

蜥脚类恐龙的牙齿和颌过于无力，无法咀嚼摄入的数量巨大的食物，于是便将食物囫囵吞下。食物在胃中会被恐龙吞下的石头（即胃石）碾成糊状，然后胃中的细菌会将其中的营养分离，以便恐龙能够消化吸收。现在很多动物还在采用这种消化食物的方法，如有些鸟会在消化系统中保留沙砾，从而碾碎种子或粗糙的植物；鳄鱼也会吞下石头，这有助于将骨头碾碎。

蜥脚类恐龙的脚

蜥脚类恐龙的体重惊人，然而只能依靠四只脚来支撑整个体重。因此其每只脚都由从脚踝处向外下方伸展的脚趾构成，脚趾之间留有空间。有人认为这个空间填满了强韧的类似肌腱的组织，当脚落下时起着缓冲垫的作用，有助于支撑恐龙庞大的身体。

完整的恐龙骨架

极少会发现完整的恐龙骨架。若使骨头变成化石，它必须快速掩埋在泥土或沙子中，然而这种情况不常发生。大部分恐龙化石都只由几根骨头构成——当然也发现过一些小型恐龙的完整骨架——这就意味着很多恐龙都是通过部分骨架被了解的。

蜥脚类恐龙的颈骨是中空的，减轻了脖子的重量，因此其无需耗费太大的能量就可以抬起脖子。

恐龙的四肢
KONGLONG DE SIZHI

梁龙靠四条腿行走，棱齿龙靠两条腿奔跑，然而有许多其他种类的恐龙则可以用两种方式行动，就像现代的熊一样。既能用两条腿又能用四条腿行动给了这些恐龙很多优势。它们可以用下肢站立，用上肢抓取食物或与敌人打斗，吃低处的嫩叶时则用四条腿站立。它们可以在地面上用四条腿休息或走来走去，但如果需要马上加速，它们还能用两条腿迅速起身，然后逃跑。

恐龙的下肢：以禽龙为例

禽龙是棱齿龙的近亲，但块头要大得多。完全成熟的禽龙体长能达到10米，体重达到4吨。它的骨架基本结构与棱齿龙完全一样，但是骨头的比例差别很大。禽龙的大腿骨又沉又长，脚骨却很短。这使其有力地托起了自身的重量，但是并没

禽龙可以直立行走或用四条腿行走。

有奔跑的能力。禽龙椎骨上的脊骨要高得多、宽得多，并长有数不清的互相交叉的骨质肌腱。这些肌腱顺着椎骨生长，在不增加额外肌肉重量的情况下，增添了力量。

　　从禽龙首次被发现的那一天起，关于它怎样在正常行走的情况下托起身体的争论就没有停止过。是像蜥蜴一样水平的？还是像袋鼠一样直立的？现在大多数科学家认为，成年的禽龙很有可能在行走的时候，脊柱是水平的，下肢承担了大部分体重。但在进食或站立的时候，它们经常会放下上肢，来提供额外的支撑。

🌴 恐龙的上肢：以禽龙为例

　　禽龙的上肢是其最突出的特征之一，并再一次地证明了完全直立的姿势对于恐龙来说是多么合适。在巨大肩胛骨的支撑下，禽龙的上肢长而有力，肌肉发达。趾爪上的5根骨头（腕骨）结合在一起，提供了强有力的支撑，这和棱齿龙滑动的腕骨很不一样。禽龙中间的3根趾爪强壮僵硬，末端长有又短又钝的爪子。用四条腿行走的时候，展开的爪子就像一个蹄子。

　　禽龙的大拇指像一个可怕的大钉子，当它用下肢站起来进行防御的时候，这便成了它的主要武器。禽龙的第5根趾爪比其他趾爪都要弱小，但是却灵活得多，可以当作一个钩子从树上扯下食物。

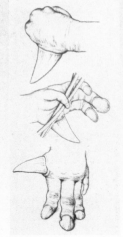

禽龙的趾爪具有多种功能：长有钉状物的大拇指用于自卫；用四条腿行走的时候，中间的3根趾爪会展开，像蹄子一样；第5根趾爪很灵活，可以抓取食物，或从树上扯叶子。

禽龙跳起来用拇指上的钉反击一只袭击它的异特龙。完全直立使禽龙可以很自由地行动。

29

恐龙的骨骼与肌肉
KONGLONG DE GUGE YU JIROU

恐龙的骨架都由同样的部分组成，但骨骼本身却有很多区别。科学家可以根据骨架的特征构造，推算出恐龙肌肉的具体位置、恐龙的运动属性以及它的整体形态。

速度对于橡树龙（一种小型植食性恐龙）来说是非常重要的。与现代瞪羚相似的薄壁空心的骨骼，使它的骨架坚固，且不会增加重量。

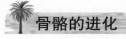 骨骼的进化

对于体形庞大的植食性恐龙来说，力量是最重要的要求。它们的腿骨庞大而结实，足以负担巨大的身体。同时，它们进化出了一种巧妙的构造，减轻了其他骨骼的重量，而不会造成力量的衰减。

那些体形更小的、行动迅速的恐龙则进化出了一种在现代动物身上也可以看到的特点：薄壁长骨。这种骨骼如同一根空心的管子，薄薄的外壁由重型骨骼构成，而骨骼中央则是轻得多的骨髓。行动迅速的植食性恐龙，如橡树龙，就有这种薄壁长骨。我们可以假定这种骨骼是为了减轻重量，从而在逃离天敌时获得更快的速度。

骨架与肌肉

恐龙的骨架由韧带、肌肉和肌腱连在一起，这一点和我们人类的身体相

坚固的柱状四肢骨骼支撑起迷惑龙重达20～30吨的躯体。这条大腿骨化石长达1.5米。

髋骨每边有3块骨头：髂骨（红色）、坐骨（黄色）和耻骨（绿色）。上图：蜥臀目恐龙的坐骨与耻骨指向不同方向。中图：早期鸟臀目恐龙，如肢龙的坐骨与耻骨靠在一起，并指向尾部。下图：晚期鸟臀目恐龙，如禽龙的耻骨进化出一个朝前方的突起，但这并不意味着它们属于蜥臀目。

同。在一些化石中，骨骼间还有"肌肉痕"（肌肉连接处留下的粗糙痕迹），据此我们可以计算出一些起控制作用的主要肌肉的大小和位置。

肌肉的疑问

　　大型植食性恐龙，比如梁龙的腿本应由巨大的肌肉群带动，然而在化石中却没有任何迹象表明它们具有这种肌肉群。暴龙发达的下颚由一组肌肉和肌腱控制，而这些肌肉和肌腱以何种高度复杂的方式相互作用？剑龙能以多大的幅度把自己的尾巴向各个方向摆动？没有人知道确切的答案，虽然现代的动物有时可以提供一些线索，但这些线索不能成为有力的证据。

　　从根本上说，每只恐龙可能拥有的肌肉数量与相对比例是与它运动和生活的方式密不可分的。对同种恐龙不同时期的研究者所作的图解之间有着令人惊讶的差别，这是由于人们对恐龙生活方式的看法发生了改变。

恐龙的肌肉赐予它们力量与灵活性。巨大的肌肉组织使得腕龙沉重的骨架得以保持形状，并使其能够行动。

恐龙的血液
KONGLONG DE XUEYE

恐龙是温血动物还是冷血动物？科学家们对这个问题极为关注，很多人都持有鲜明且无法调和的观点。要弄清为什么在过去的20年中，这个问题会被争论得不可开交，我们必须从温血和冷血的问题本身入手。

动物的血液

　　动物的血液温度保持不变时，它们的活动效率最高，这是因为它们体内的化学反应在恒温下效果最好。而如果温度上下变化过于剧烈，其身体就不能维持正常运转。冷血动物如蜥蜴和蛇，可以通过自身的行为来控制身体的温度，这被称为体外热量法。温血动物（鸟类和哺乳动物）把食物的能量转化为热量，这被称为体内热量法。温血动物通过出汗、呼吸、在水中嬉戏或者像大象那样扇动耳朵来降低体内血液的温度，从而达到调节体温的目的。

恐龙的生活方式极为多样化，从庞大而动作缓慢的植食性恐龙到身形较小而活跃的猎食者都有各自的生活方式。它们是否也具有不同的冷血、温血代谢方式呢？

恐龙有3种类型的骨骼。从生理学上说，这是恐龙处于冷血动物（鳄鱼）和温血动物（鸟类及哺乳动物）之间的证明。

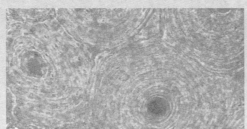

哈弗骨有很多的血管，血管周围有密集的骨质圈。现代的大型温血哺乳动物具有这种类型的骨骼。这是马肋骨的切片。

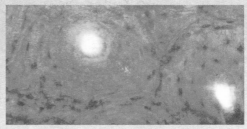

某些恐龙也有哈弗骨。这只重爪龙的肋骨切片上有和马的骨头一样的骨质圈。这是否说明有哈弗骨的恐龙是温血动物呢？

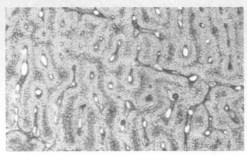

恐龙、鸟类和哺乳动物都有相似的初骨，初骨里面有很多血管。这种类型的骨骼叫作羽层状骨（图片是一只蜥脚类恐龙的腿骨），是快速生长过程中最初形成的骨骼。

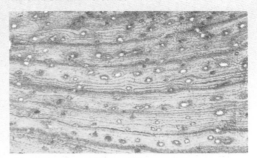

现代的冷血动物鳄鱼，它们的骨骼中有在生长过程中形成的轮，由此可以判断出它们在不同时期的生长速度不同。某些恐龙，如这只禽龙的腿骨，也具有这种特点。

温血和冷血

　　温血和冷血两种动物都有各自的优点和缺点。一条温血的狗很快就会耗光所摄入食物中的能量，因此要比一只同等大小的冷血蜥蜴多吃10倍的食物。另一方面，蜥蜴每天必须在太阳下晒上好几个小时来使身体变暖，而且在黑夜或者周围温度降低时，它的身体机能将无法有效运转。更重要的是，与冷血动物相比，温血动物拥有大得多的大脑和更加活跃的生活方式。所以温血还是冷血的问题实际上就决定了恐龙到底是动作敏捷又聪明的物种，还是行动迟缓又蠢笨的动物。

恐龙的颜色
KONGLONG DE YANSE

[**没** 有人知道恐龙到底是什么颜色的。虽然古生物学家们发现过恐龙皮肤化石，但是经过那么长的时间，皮肤化石的颜色早已发生了变化。只能推断恐龙的颜色可能跟我们今天看到的爬行动物相似。]

颜色的作用

　　皮肤颜色可以帮助恐龙躲避危险、吸引异性和警示敌人。许多恐龙都会伪装，它们皮肤上的图案和周围的环境相吻合。恐爪龙的皮肤颜色可能是沙黄色，

恐龙皮肤的颜色能够帮助它们警示敌人。

栉龙

冠龙

小贵族龙

青岛龙

埃德蒙顿龙

副栉龙

雄性

雌性

就像今天的狮子，可以与周围的沙土和黄色的植物相吻合。恐爪龙的皮肤上也可能有斑纹，就像今天的老虎，这样它能够隐蔽在植被中，等待攻击猎物。

分辨颜色

　　没有人能够确定恐龙是否能分辨颜色，但是我们知道有一些鸭嘴龙科的恐龙头部长有头冠、皱褶饰边和可膨胀的气囊。它们的头冠可能带有明亮的颜色，让同伴可以轻易地发现它们。鸭嘴龙可能用头冠向同伴发送信号，现代的一些爬行动物也用这种方式传递信号。所以一些鸭嘴龙很有可能会分辨颜色。

恐龙颜色的不同

　　雌雄恐龙的颜色极有可能不同。现代的许多雌雄成年动物，包括一些鸟类和蜥蜴类，都有不同的颜色。雄性动物可以用自己明亮华丽的颜色来吸引异性，也可以警示其他同性。雌性动物的颜色一般比较灰暗单一，这样它们在孵卵和抚养幼仔时就不容易暴露自己。人们刚开始画恐龙时，倾向于把恐龙都画成褐色和绿色的，但是现在人们会把恐龙画成许多不同的颜色。

恐龙的交流
KONGLONG DE JIAOLIU

[**动**]物没有语言，但是它们有自己的交流方式。它们用声音、气味、触摸和彼此间的信号向同伴传达自己的意图。恐龙应该也用特定的方式彼此传递信息。

青岛龙

埃德蒙顿龙

赖氏龙

恐龙发出的声音

恐龙的耳朵结构很复杂，善于辨别声音，所以它们可能会用许多不同的声音来传递信号。跟今天的爬行动物相似，恐龙会发出嘶嘶声或哼哼声，而大型恐龙则会发出咆哮声。

声音的作用

恐龙在遇到危险时会发出声音警告敌人，也可以利用声音与同伴进行交流。副栉龙在遇到危险时会不断嘶叫，来警示敌人。鸭嘴龙科的埃德蒙顿龙会通过鼻子顶部的一个气囊发出巨大的咆哮声，来挑衅竞争对手。小恐龙一般会发出尖叫声来吸引成年恐龙的注意。

炫耀自己

科学家们认为，就像孔雀炫耀自己的羽毛一样，雄性恐龙也会展示自己的头冠、脊骨和脖子上的褶皱，来吸引异性恐龙的注意，同时也在警告自己的竞争对手。

恐龙的嗅觉

从恐龙的脑化石中，科学家发现恐龙的鼻孔已经得到了充分进化，所以恐龙的嗅觉应该很灵敏。灵敏的嗅觉可以帮助恐龙寻找食物，也可以让恐龙根据同伴身上散发出的气味寻找它们。腕龙在头顶长有很长的鼻孔，科学家推测原因可能是让它们在吃水生植物的同时可以进行呼吸。

恐龙的味觉

许多恐龙都有舌头，同今天的大多数动物一样，恐龙可能也会辨味闻味。爬行动物中的蛇用它叉形的舌头"品尝"空气，来寻找猎物的踪迹。但是至今还没有足够的证据证明恐龙的舌头也有这种功能。

副栉龙群

恐龙的攻击和抵御
KONGLONG DE GONGJI HE DIYU

[肉] 食恐龙是天生的猎杀者，它们用自己的尖牙利爪攻击猎物。植食恐龙通过各种方式进行防御，保护自己：有的群居，有的依靠速度逃跑，也有的身上长有硬甲或头上长有尖角。

 蜥脚类恐龙的抵御攻击

跟今天的大象相似，蜥脚类恐龙通常利用自己庞大的身体来保护自己。梁龙可以挥动它鞭子似的长尾巴来威慑攻击者。

 长着硬甲

甲龙类恐龙利用身上盔甲似的皮肤和骨钉来保护自己。遭遇攻击时，甲龙会萎缩起来保护自己的腹部，并不断挥动尾巴上的刺棒来攻击敌人。

甲龙

蜥脚类恐龙

剑龙

 骨板和骨钉

剑龙用背上的一排巨大的骨板，以及带有4根骨钉的尾巴来防御掠食者的攻击。剑

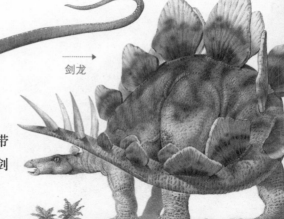

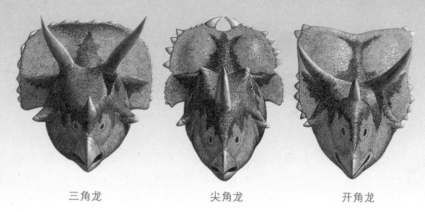

三角龙　　　　　　尖角龙　　　　　　开角龙

龙的尾巴可以造成巨大的伤害，甚至可以杀死攻击者。

植食恐龙的爪子

绝大多数植食恐龙都没有爪子，但是禽龙的上肢趾爪上却长有锋利的爪子。禽龙可能用它来抵御掠食者，也可能用它来对抗雄性同伴。

长着尖角的恐龙

角龙类恐龙利用头上的尖角保护自己。它们像犀牛那样用尖角顶撞掠食者或雄性同伴，就像那对"厮打的恐龙"。

用头攻击

雄性肿头龙的头顶皮肤很厚，为了获得异性，它们要互相撞击决出胜负，就像今天的野羊一样。

雄性肿头龙

恐龙的速度
KONGLONG DE SUDU

恐龙的形状、大小和移动速度取决于它们的生活方式。掠食者为了追捕猎物，移动速度必须很快。它们有强有力的下肢，用尾巴来保持平衡。大型的植食恐龙只能缓慢移动，它们不需要去追捕猎物，庞大的身体可以用来保护自己。

恐龙的足迹所示

恐龙的脚印化石可以告诉我们它是如何移动的。禽龙四条腿行走，但是可以用下肢奔跑。巨齿龙巨大的三趾脚印告诉我们它是一种肉食恐龙，总是用下肢移动。

禽龙

巨齿龙

速度最快的恐龙

鸵鸟大小的似鸵龙是移动速度最快的恐龙之一。它没有硬甲和尖角来保护自己，只能依靠速度逃跑。它的速度比赛马还快，每小时可以奔跑50多千米。

测量恐龙的移动速度

恐龙的移动速度
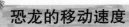

跟今天的动物一样，恐龙在不同时候的移动速度不同。暴龙每小时可以行走16千米，但是当它攻击猎物时移动速度会很快。

棱齿龙是移动速度最快的恐龙之一，它在逃跑时速度可以达到50千米/小时。

迷惑龙有40吨重，它每小时可以行走10～16千米。如果它尝试着跑起来，那么它的腿会被折断。

三角龙的重量是5头犀牛的总和，它也能以超过25千米/小时的速度像犀牛那样冲撞。很少有掠食者敢去攻击它。

移动速度最慢的恐龙

像腕龙这样庞大的蜥脚类恐龙是移动速度最慢的恐龙。它们的体重超过50吨，根本无法奔跑，每小时只能行走10千米。跟小型恐龙不一样，这些庞大的动物从来不会用下肢跳跃。

腕龙的移动速度最慢。

恐龙的食物消化
KONGLONG DE SHIWU XIAOHUA

为了获得足以维持自身生存的营养和能量，庞大的蜥脚类恐龙必须吃掉大量的植物。现代动物中与之最相近的当属大象，它们为了生存，每天要吃掉大约185千克植物，比自身体重的30%还要多。按这个比例，一只重达30吨的腕龙每天要咀嚼大约1吨植物。而这个进食过程要通过一个不足75厘米长、和马的头差不多大的头来完成。因此它的牙齿基本上是不咀嚼的。

胃石

然而，假如蜥脚类恐龙的一生就是在食用树木顶端的枝条，那么这样大量的食物是怎样被消化的呢？尤其是它们连用于咀嚼的牙齿都没有。答案在蜥脚类恐

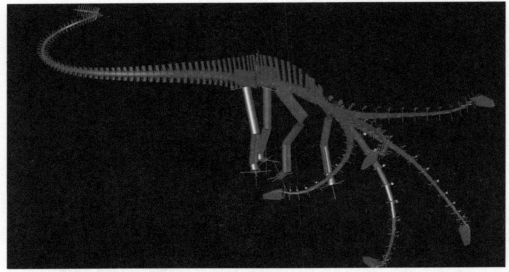

用电脑模拟出的梁龙模型显示了其脖子可能达到的活动范围。其脖子可以达到的最高高度以及其他姿势显示，梁龙够不到树顶，只能以低处或地面的植物为食。

植食恐龙的牙齿排化石。牙齿排类似于一把锉刀的表面，能将最粗糙的植物磨碎。

龙化石发现地被偶然发现的圆滑小卵石中找到了，这些卵石是由周围不同种类的岩石打磨而成。人们在蜥脚类恐龙的胃里发现了这些石头（称作"胃石"），它们是蜥脚类恐龙必要的消化工具。

切和磨

对于那些没有胃石的植食恐龙来说，牙齿和颚是在食物进入消化系统前将其磨碎的工具。这一点和现代的植食类哺乳动物一样。所有这类恐龙都长有擅长磨碎食物和咀嚼食物的牙齿。

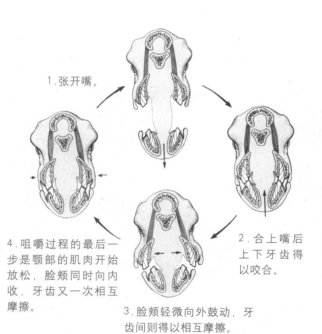

1.张开嘴。

4.咀嚼过程的最后一步是颚部的肌肉开始放松，脸颊同时向内收，牙齿又一次相互摩擦。

2.合上嘴后上下牙齿得以咬合。

3.脸颊轻微向外鼓动，牙齿间则得以相互摩擦。

咀嚼的动作。这组脸部正面图展示了埃德蒙顿龙的咀嚼过程。

致命的牙齿

我们不可能仅仅依靠现有的证据来推测大大小小的肉食恐龙分别擅长何种消化方式。详细的解剖学特征，尤其是它们的牙齿，让我们推测猎物是怎样被吃掉及被抓住的。肉食者的牙齿大都向内弯曲，有如刀刃一般的牙齿前后边缘生有突起，可以迅速将肉切开。

恐龙的觅食
KONGLONG DE MISHI

[恐]龙或者单独或者集体觅食，这在很大程度上取决于它们的种类和体形。大型猎食者一般会单独行动，以期获得足够的食物。而小型恐龙大多是集体觅食，靠互相协作获得食物。

猎食者中的独行侠

除了极少的例子之外，我们发现的大型恐龙的骨架都是分散的，这与许多埋着成群植食动物的"大坟场"形成了鲜明的对比。这说明，至少有一些大型恐龙是单独行动的。这是一个很好的生存逻辑，因为与另一个大胃口的家伙分享猎物，减少自己的食物供给是没有道理的。肉食恐龙在一同捕猎中将得不到任何好处，因为它们的体形要比许多可能成为它们的猎物的动物大得多，因此并不需要

单独猎食的暴龙不愿意和别人分享猎物。它必须足够强壮才能制伏它的猎物，并不让其他猎食者接近战利品。

44

交错在一起的脚印证明一些植食恐龙组成庞大的族群一起生活和行动。这幅图描绘的是一群尖角龙围成一圈进行防御。

帮助。

对于单独的猎食者来说，最好的捕猎场所是森林或浓密的矮树林，因为这给它提供了足够的突袭机会。在平原上，它一靠近就一定会被猎物发现。

在一些地区发现了数量多得惊人的大小肉食恐龙行走过的痕迹。这些地方可能是最受欢迎的捕猎地点，可能是位于河流或者湖泊沿岸。在那里，猎食者经常能捡到冲到岸边的腐肉或在植食者来喝水时袭击它们。

集体行动的猎食者

我们有充分的理由相信，小一些的肉食恐龙是成群生活和猎食的。协作猎食是今天许多动物采取的方法，只不过协作的程度有所不同。蚂蚁组成的泱泱大军能够集中攻击一只黄蜂的巢穴，并迅速地将其毁掉。这肯定是互相协作的行为，虽然它要求的互动程度很低。更复杂的协作捕猎的例子如鹈鹕一起捕鱼。而狮子则有一套复杂的包围和观望猎物的技巧，需要好几只狮子组成一个高度合作的队伍来行动。

恐爪龙的群体生活是一个十分棘手的研究个案，我们有足够的证据证明它们是集体狩猎者。通过它们其他的集体生活的形式，包括交配、哺育后代、迁徙、运动和攻击猎物，我们可以推断出它们是合作捕猎的。

一只单独的腱龙十分不明智地和自己的族群走散了，遭到了三只恐爪龙的攻击。

恐龙的智商
KONGLONG DE ZHISHANG

恐龙傻吗？1883年，美国古生物学家奥斯尼尔·马什在描述迷惑龙时说它的大脑很小，因此它是"蠢笨、迟缓的爬行动物"。这种观点至今仍是大多数人对恐龙智商的看法。但如果我们仔细地研究恐龙的感官和大脑，就会发现与上面的描述截然相反的情况。

大脑比例

　　最近，科学家们做了很多工作来判定恐龙的大脑与身体的体积比例。有一个保存完好的恐龙头骨，这项工作就不难完成。如果测量出这个头骨的容量，并考虑到大脑所占空间的百分比，就可以得出大脑的体积了。

　　毫无疑问，某些恐龙的大脑非常小。举例来说，剑龙的体重可达3.3吨，大脑却只有可怜的60克。而一只同样体重的大象，其大脑重量却是剑龙的30倍。大型

在这个禽龙的头骨化石内部，脑组织在化石形成之前就腐烂了，留下了一个空心的洞。科学家们用硅胶的模型可以表明大脑在头骨内部的大概形状。

伤齿龙有很大的眼睛和大脑，这证明它是一种聪明、活跃的恐龙。

蜥脚类恐龙的大脑与身体的重量之比是达到1∶100000。

恐龙的智商

　　据我们所知，恐龙的一切生活方式都无需大脑做什么工作。腕龙不需要猎食或逃避捕食者，而这两种活动才需要大脑的能量。剑龙虽然是群居的动物，但它们的生存并不依赖群体间的交流或者迅速的反应，这不像没有骨板的（因此也就更聪明的）鸭嘴龙。简单的生活方式不需要什么控制力或协作能力。

　　由此，我们可以得出这样的结论：大脑体积的大小以及复杂性，是与恐龙的生活方式相符的。行动迟缓的植食恐龙位于最底层，游牧型恐龙与群体猎食者在中层，行动敏捷的猎手在最高层。美国芝加哥大学的詹姆斯·霍普森教授在对比不同种类恐龙的大脑和身体时得出了上述结论。根据他的研究，恐龙的智商"排列表"由低到高依次是：蜥脚类、甲龙类、剑龙类、角龙类、鸟脚类、肉食龙类、腔骨龙类。

秃顶龙的头骨化石显示出其大脑所在的头骨后侧有广大的区域，这可能是它有极高智商的原因。

恐龙的群居
KONGLONG DE QUNJU

[**恐**龙足迹、群体坟墓等线索证明了有些恐龙是群居生活的。像今天的羚羊一样，大型植食恐龙的群居行为是为了自身安全；一些肉食恐龙则是为了集体猎食。]

群居中的关系

恐龙的足迹化石表明有些群居恐龙行走时小恐龙会待在队伍中间，而成年恐龙围在外面。当受到攻击时，像三角龙这样头上长角的恐龙会站成一个圆，把小恐龙围在中间，把角指向敌人，就像今天的野牛一样。

恐龙群居的原因

许多像埃德蒙顿龙等鸭嘴龙科恐龙群居是为了安全，许多双眼睛总比一双眼

睛容易发现敌人，而且掠食者攻击一个移动的群体也比较困难。比如说当暴龙靠近时，它们会发出嘶叫声，相互通知危险来了。

 发现恐龙的群居

在北美，人们发现了大量相同的恐龙脚印。科学家认为这是一群群居恐龙留下的。人们也发现过大量的恐龙被掩埋在一起，其中的一处埋葬了上百只慈母龙！这些证据证明了蜥脚类恐龙可能是群居恐龙。

 恐龙的远程觅食

跟今天的驯鹿和羚羊等许多动物一样，有些恐龙，比如说禽龙，会到很远的地方去寻找食物。

 恐龙群中的守夜者

没有人能够确定恐龙群中是否有守夜者，但是群居动物在休息时，一般都会有成年动物在监视掠食者，恐龙可能也一样。

 集体猎食的恐龙

狼和鬣狗等肉食动物都是集体猎食的。像轻巧龙这样的小型肉食恐龙也可能是集体猎食的，这样它们就有机会捕获更大的猎物。

集体猎食的轻巧龙

三角龙这样头上长角的恐龙会站成一个圆，把小恐龙围在中间。

49

恐龙百科
KONGLONG BAIKE

蛋和巢穴
DAN HE CHAOXUE

最早发现的恐龙蛋化石来自蜥脚类的高桥龙。1859年，人们在法国发现了它们。与之相比，第一个恐龙巢穴的发现要晚得多，1923年才在戈壁沙漠被发现。从那以后，科学家又陆续在世界各地发现了许多恐龙蛋和巢穴遗址。

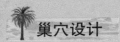

巢穴设计

一些恐龙蛋被发现直接放在地面上，但科学家们仍认为大部分恐龙都会筑巢来保证它们的蛋的安全。这些恐龙巢穴是一个从地面刨出的浅坑，或围筑成一圈的土边来固定恐龙蛋。恐龙会蹲在巢穴上方下蛋，产完一窝蛋就会在巢穴边上巡逻。

惊人的蛋化石

1995年，科学家们前往中国绿龙山附近的一个村庄，在那里发现了上百个嵌

萨尔塔龙彼此间将巢穴筑得十分靠近，只留出空隙使它们走动时不会碰坏巢穴里的蛋。

50

在路面上和从悬崖壁露出的恐龙蛋化石。他们居然还从一堵墙上发现了一枚恐龙蛋化石，它被用来替代石块。在西班牙的特伦普，人们也有相似的发现：许多岩石中含有大量恐龙蛋碎片，因此科学家们称这种岩石为"蛋壳沙岩"。

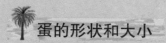 蛋的形状和大小

在几个恐龙巢穴，共计有30枚恐龙蛋化石被发现，它们在巢穴里常以直线或弧形排列。恐龙蛋有圆的，也有细长的，还有表面粗皱的。最大的蛋有45厘米长，是在中国东部发现的，它可能是一枚镰刀龙蛋。

集中筑巢

古生物学家在美国的蒙大拿州、阿根廷的奥卡玛胡佛发现了大规模的恐龙巢穴遗址。每个遗址大约都有20个巢穴，它们被筑得十分靠近。这个现象表明某些恐龙是群居的，可能用来保护自己抵抗肉食恐龙的袭击。在蒙大拿州的一处遗址，即有名的"蛋山"，古生物学家在更深的地层发现了年代更久远的巢穴遗址。这表明恐龙年复一年地回到同一个地点下蛋。

产下蛋后，许多恐龙会在上面盖上草木来保持蛋的温度。

小恐龙
XIAO KONGLONG

科学家只发现过少量的小恐龙化石。这是因为小恐龙的骨骼柔软而脆弱，它们很少能形成化石。即使它们被保存下来，也不容易对它们作出鉴定。

图中显示了小恐龙正破壳而出。

小恐龙凿碎了一圈蛋壳，从蛋里面露出来。

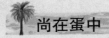

尚在蛋中

小恐龙在破壳前3到4周就在蛋里面发育成形了。壳上的微孔让它得以呼吸，而蛋黄为它提供成长所需的全部营养。但是，小恐龙常常在还没出壳之前就变成了捕

↓这个复原的慈母龙巢穴模型显示了小恐龙挣扎出蛋壳的样子。小恐龙刚出壳的时候，大约有25厘米长。

这个模型显示了小窃蛋龙蜷在蛋中的样子。

食者的美餐，因为对恐龙和小型哺乳动物来说，恐龙蛋是不费吹灰之力的猎物。孵化的时候，小恐龙用吻突上的尖牙凿穿蛋壳。而破壳之后的小恐龙必须马上进食，不然就会死掉。

在泥土中保存

20世纪90年代，在阿根廷的奥卡玛胡佛发现了几具保存完好的小恐龙化石。这个遗址有着上千枚恐龙蛋，里面包含了不少小恐龙化石。古生物学家在研究这些化石时，发现了细小的牙齿、头骨，这些小恐龙身上还覆有鳞片，就像蜥蜴一样。之所以这些恐龙蛋化石保存完好，是因为它们被埋在泥石流中，避免了腐烂或被捕食者吃掉。

有爱心的父母

有的恐龙会照顾它们幼小的子女。科学家认为，这是因为小恐龙（如慈母龙）刚出生的时候四肢还不健全，因而需要父母的保护和喂食。在美国蒙大拿州的蛋山，发现了慈母龙群化石。这些慈母龙从年幼到年长一应俱全，表明成年慈母龙会哺育它们的后代。这也是这种龙被命名为慈母龙的原因：意为"好母亲蜥蜴"。

↓这只慈母龙正在保护它幼小的子女免受伤齿龙这样凶猛的小型肉食恐龙的袭击。小慈母龙需要经过10年才能变为成年个体，因此它们在捕食者的袭击面前显得特别脆弱。

恐龙百科
KONGLONG BAIKE

恐龙的行迹
KONGLONG DE XINGJI

足迹化石是一种最常见的恐龙化石，很多足迹化石汇聚在一起就是所谓的"行迹"。行迹能告诉我们大量关于某种恐龙的信息，也能让古生物学家从中得出恐龙的生活习性。

■ 加拿大坦伯勒岭
■ 美国怀俄明
■ 美国恐龙国家纪念公园
美国凯恩塔地层 ■ 美国恐龙岭
美国炼狱河 ■ 美国恐龙谷州立公园

鸭嘴龙科脚印

兽脚类脚印

腕龙科脚印

玻利维亚拉巴斯 ■ 玻利维亚苏克
巴西帕拉伊巴 ■

鉴定印迹

想要断定某串足迹来自哪种恐龙几乎是不可能的，但不同类别的恐龙有着不同特征的脚印。因此，用脚印来判断恐龙属于哪个类别是完全可行的。上图显示了几种最常见的脚印类型。

一群迁徙的蜥脚类恐龙踩着沉重的步子穿过软泥地，留下一长串的脚印，这些脚印后来成为了化石。

54

成群出没

　　许多行迹化石表明，大群的同种恐龙曾一起出没，这表明它们过的是群居生活。某种恐龙漫长的行迹表明，它们会随着季节变化做长途迁徙，去寻找食物或更温暖的地区。

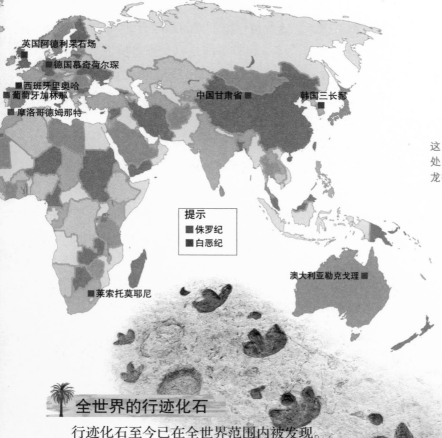

英国阿德利采石场
德国慕奇荷尔琛
西班牙里奥哈
葡萄牙加林那
摩洛哥德姆那特
中国甘肃省
韩国三长郡

提示
侏罗纪
白恶纪

莱索托莫耶尼

澳大利亚勒克戈理

这张地图上标记了几处世界上最重要的恐龙行迹化石遗址。

这串足迹发现于美国的科罗拉多州，它们属于白垩纪早期的鸟脚类恐龙。

全世界的行迹化石

　　行迹化石至今已在全世界范围内被发现。迄今为止，已有超过1000个这样的遗址，其中很大一部分位于北美洲。最清晰的行迹化石往往在曾经靠近河流、湖泊和海洋的地方形成。那里的土地平坦、湿润，并呈沙质，为足迹化石的保存提供了优良的条件。

恐龙的袭击

行迹对于我们弄明白恐龙怎样行动十分重要，但有时候一组足迹能提供更多信息，甚至可以告诉我们发生在史前世界的一次完整的事件。在澳大利亚的勒克戈理就发现了一组这样的痕迹。根据这些痕迹，人们推断在那里曾发生了一次恐龙集体大逃亡。

这些痕迹形成于白垩纪早期，这里很可能曾经是一条干枯的小溪或者河流的河床，河底仍然很泥泞，可以留下脚印。这片被保留下来的地区有209平方米，由北向南延伸。所有的痕迹到一处全部消失了，很有可能是这些恐龙掉进了一个水坑里。从这些痕迹我们可以窥见这样一幅图画：大约有150只肉食和植食恐龙聚集在这个水坑边。据推测，聚集于此的植食恐龙数量多得足以防止来自肉食者的袭击。但是，双方都高度警惕地盯着对方以及周围的地区。

在河床的北边，显现出一只臀高2.6米的大型肉食恐龙的痕迹。看痕迹它一共走了4步。后面的脚印显示出行走速度的变化，似乎就在此处这个猎食者忽然发现了一群小猎物。它的步子变小了，深陷的脚印消失了，看上去好像是踮着脚尖又前进了5步，然后转身。在几秒之后，水坑边的小型恐龙发现了偷袭者。小型恐龙群惊慌逃窜，集体向着猎食者的方向逃去。为什么会向着猎食者的方向跑呢？这个不得而知。也许这个水坑实际上是个宽阔的湖泊，阻断了它们撤退的道路；也许另一个猎食者从另一个方向阻断了它们的路。无论如何，整个恐龙群（个别被猎食者在半路上叼走了）往河床上游冲去，留下我们今天看到的那些脚印。

这是电脑重现的勒克戈理发现的脚印以及可能发生的事件全过程。图①一群小型恐龙聚集在河床边。图②一只大型猎食者从北边慢慢接近。图③小型恐龙疯狂逃窜，纷纷从猎食者身边经过。图④猎食者截住逃跑的小型恐龙，留下一系列大大小小的脚印。

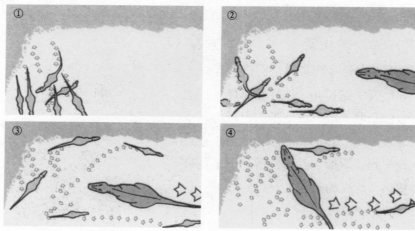

第二章

走进三叠纪

约2.5亿年至2亿年前，中生代正式开始。恐龙就是在这一时期出现的，它们有凶猛的肉食性恐龙，也有素食主义者——植食性恐龙。相信你一定很想认识它们吧？让我们一起走进三叠纪，探索恐龙的奥秘吧！

三叠纪——恐龙出现时代

SANDIE JI——KONGLONG CHUXIAN SHIDAI

在三叠纪时期，动物和植物与现在的大不相同。爬行类动物统治着陆地和天空，地球上没有被子植物或有花植物。就在这个时期，恐龙出现了。

 燥热的气候

地球的赤道部分最为炎热，恐龙出现的时候，赤道从泛古陆的中部穿过。这意味着陆地的大部分都受到太阳光的直射，因而比今天的陆地更炎热。

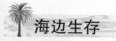 ## 海边生存

三叠纪时期的化石表明，大部分恐龙生活在泛古陆靠近海岸相对潮湿的地区和灌木丛林地，只有少数在沙漠里生存。

时代的更替

最初的恐龙十分弱小，被体形大过它们数倍的似鳄祖龙捕食，但到了三叠纪末期，恐龙的体形开始增大，而似鳄祖龙开始减少。恐龙的时代来临了！

艾雷拉龙
AILEILALONG

艾雷拉龙又名黑瑞龙，是最古老的恐龙之一，它们生活在2.3亿年前的三叠纪晚期。艾雷拉龙的第一块骨骼化石是阿根廷一位叫艾雷拉的农民无意中发现的。为了纪念他，这种恐龙就被命名为"艾雷拉龙"。

外形

艾雷拉龙体长大约5米，体重约为180千克，它的头部从头顶往口鼻部逐渐变细，鼻孔非常小。下颌骨处有个具有弹性的关节，在它张口时，颌部由前半部分扩及后半部分，因而能牢牢地咬住挣扎的猎物不松口。它的四肢强健有力，但是

小资料

名称：艾雷拉龙
身长：约5米
食性：肉食性
生活时期：三叠纪晚期
发现地点：阿根廷北部

前肢明显短于后肢，依靠两足行走，指端长有锋利的爪。

行动敏捷

艾雷拉龙具有敏锐的听觉和灵活的四肢，虽然它们的前肢不及后肢肌肉发达，但是前肢上的三个向后弯的爪可以灵活地抓住猎物。别看他们体形不小，但其实骨骼纤细轻巧，这就让它们的动作变得格外敏捷，加上后肢强健有力，让它们的奔跑速度相当快。

艾雷拉龙的命名者——赛瑞诺

习性

艾雷拉龙主要捕食一些爬行类动物和小型的食草性恐龙，它们经常会用锋利的牙齿和爪子对付敌人和猎物。它们的头部特征与今天的某些蜥蜴类似，能够迅速攻击。加上它们灵敏的听觉、闪电般的奔走速度，让它们成了那个时代最恐怖的捕食者之一。

牙齿锐利，边缘像锯子。

艾雷拉龙头长而尖。

它的颌骨有两个节，有助于咬住猎物。

61

板龙
BANLONG

板龙出现在2.1亿年前的三叠纪晚期，据考古研究它是生活在地球上最早的植食性恐龙。板龙是最著名的原蜥脚类恐龙，也是欧洲最常见的恐龙之一。

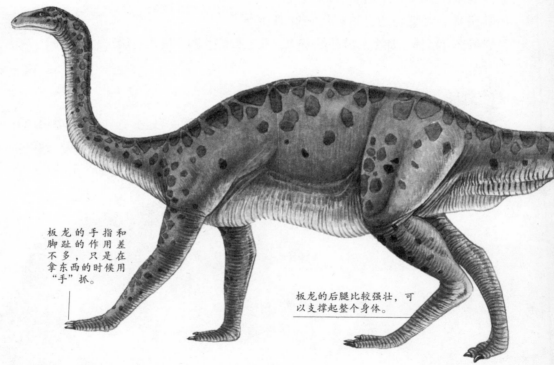

板龙的手指和脚趾的作用差不多，只是在拿东西的时候用"手"抓。

板龙的后腿比较强壮，可以支撑起整个身体。

小资料

名称： 板龙

身长： 6～8米

食性： 植食性

生活时期： 三叠纪晚期

发现地点： 德国、瑞士、法国、瑞典

吃素的"大汉"

板龙的骨架很结实，它体长能够达到6～8米，体重5吨左右，较其他类似的动物要壮实许多。它的头部比较小也比较坚固，脖子较长，和

躯干的长度差不多。在颌骨上有很多树叶状的小牙齿，能够帮助它们撕咬植物，并且它们还有像鸟类一样的嗉囊来帮助消化，让它从植物中汲取足够的营养，这个特征显示了板龙只以植物为食。

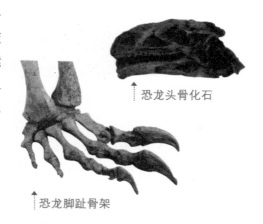

恐龙头骨化石

灵活的趾

板龙的前足上长有可以向后"弯"的灵活的趾，这表明它们能够依靠前足和前趾行走，就像靠着后足和后趾行走一样。但是它们的前腿明显比后腿短，所以一般认为它们是依靠后腿站立，而靠灵活的前足抓取食物，送进嘴里。它们的拇指上还长着一个又大又锋利的爪子，是防御时用来戳刺敌人的武器。

恐龙脚趾骨架

结群生活

板龙是一种结群生活的恐龙，就像现在的河马和大象一样，这对它们防御敌人起到了很好的作用。它们通常在银杏、苏铁等裸子植物形成的森林中出没，那些多汁的嫩叶就是它们最喜欢的食物。三叠纪时期到处荒芜，动植物种类不多，板龙没有什么天敌，这让它们成了当时地球上最庞大的动物。

→ 这张图片描绘了一群板龙聚在河边饮水的情景。在德国、法国和瑞士发现了许多板龙化石。

腔骨龙
QIANGGULONG

[腔骨龙是我们目前已知的最早的恐龙之一，它们生活在三叠纪晚期，多分布在北美洲地区。]

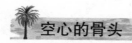
空心的骨头

之所以将其称为腔骨龙就是因为它们的骨头是空心的。除了头部外，它们身体其他部位的骨骼也是如此。骨骼轻巧的最大好处就是行动敏捷，在环境恶劣、恐龙稀少的三叠纪，它们凭借得天独厚的身体特征，淋漓尽致地适应了捕猎生活，并依靠机敏和速度称霸一时。

"耐旱"的腔骨龙

在到处是荒漠、生存环境恶劣的三叠纪，腔骨龙曾称霸一时，其中很大的一个原因就是它们只需要很少的水分就可以生存。因此即使一年有九个多月是无雨季节，它们也能在干旱的环境下很好地生存下去。这一优势与它们独特的身体结构是分不开的。我们知道哺乳动物是需要通过撒尿来排除体内部分废弃物的，但腔骨龙却不同，它们像鸟类一样，能够以尿酸的形式排出毒素，这样，腔骨龙就不会失去更多的水分，当然所需要摄入的水分自然也少喽！

有些骨架化石保留有恐龙最后晚餐的证据。这只腔骨龙的胃里有其同类幼仔的骨头，这是目前唯一的恐龙嗜食同类的例子。在成年腔骨龙的肋骨之间，可以看见细小的椎骨和大腿骨。

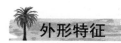

外形特征

腔骨龙体态娇小，成年腔骨龙一般身长2～3米，头看起来又窄又长，长着尖尖的嘴巴和长长的牙齿。牙齿像剑一样向后弯，前后缘有着小型的锯齿边缘，是标准的猎食性恐龙的牙齿。腔骨龙前肢短小后肢修长，远看上去有点像大型的鸟类，但是它们可以很好地用双腿站立，这一点除了与它们臀关节的特殊构造有关，还与它们的长尾巴有不寻常的结构有关系，当腔骨龙快速移动时，尾巴就会成为它们的舵或平衡物。

小资料

名称：腔骨龙
身长：2～3米
食性：肉食性
生活时期：三叠纪晚期
发现地点：美国亚利桑那州、新墨西哥州、犹他州

一颗颗尖牙帮助它们撕咬猎物的皮肉。

奔跑时，尾巴向后伸直来保持平衡。

锋利的爪子可以紧紧地抓住猎物。

腔骨龙是早期恐龙中最为敏捷的代表，依靠速度捕猎蜥蜴和其他小型动物。进食猎物前，它们会用牙齿和颚将猎物的肉撕开。

理理恩龙
LILIENLONG

理理恩龙是一种肉食性的兽角类恐龙。它们生活在三叠纪晚期，体长在3～5米之间，体重在100～140千克之间，是这一时期最大的肉食性恐龙。

脊冠

理理恩龙有着长长的脖子和长长的尾巴，前肢相当短小，后肢粗壮有力。其中最特别的地方是它头上的脊冠，只是两片薄薄的骨头，很不结实。一旦在捕食

小资料

名称：理理恩龙
身长：3～5米
食性：肉食性
生活时期：三叠纪晚期
发现地点：法国、德国

66

的时候遭到攻击，就会因为剧烈的疼痛不得不放弃眼前就要到手的猎物，这也许是被它捕捉的猎物能够逃脱的唯一方式了。

 手指

理理恩龙身上显示出了早期肉食性恐龙的一些特点，比如手指。理理恩龙的每个前肢上长有5个手指，不过它的第四指和第五指已经退化缩小了，而且在此之后的肉食性恐龙中，第四指和第五指基本上是不发育的。

 食性

理理恩龙是一种早期的食肉恐龙，它们的进攻方式同现代的许多捕食性动物的猎食方式比较接近。它们多采取单独狩猎的方式去捕食小型恐龙，万不得已的时候也会去猎食大型植食性恐龙。例如在饥饿难耐的时候会在水边袭击因喝水而行动变得缓慢的板龙，堪称喜欢在湖边漫步和进食的板龙的天敌。

哥斯拉龙
GESILALONG

[哥] 斯拉龙生活在距今约2.1亿年前的三叠纪晚期，属于兽脚类腔骨龙超科恐龙的一属，它们是肉食恐龙的杰出代表。

个大却轻盈

哥斯拉龙身体长6米左右，体重在150～200千克之间，与体形巨大的植食性恐龙相比，它们的身材略显娇小，但在肉食恐龙的群落里，哥斯拉龙算得上较大的一类了。虽然身型较大，但它们的体态却十分轻盈，能够灵活地转身、倒退，而且行动敏捷，奔跑速度极快，这使它们能够在肉食恐龙的激烈竞争中脱颖而出。

极强的生存能力

哥斯拉龙适应环境的能力极强，无论是在比较寒冷的山地；还是在湿热的雨林；无论是在比较干旱的草原；还是在茂密的树林之中；都能看到哥斯拉龙的身影。而它们的生存能力更强。即使是饿上几天，它们也依然精神百倍，能够迅速而执着地追捕猎物。就算因争夺食物而受了重伤，或者是面对复杂而险恶的生存环境，它们也绝对不会放弃自己，依然能够顽强地生活下去，显示出了极强的生存能力。

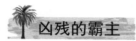

凶残的霸主

据古生物学家推测，哥斯拉龙很可能是三叠纪时期个子最大的肉食性恐龙。它们拥有尖锐的牙齿与锋利的爪子，拥有敏捷的身手与强壮的后肢，拥有超强的耐力与顽强的毅力，它们凶残成性，遇到猎物绝不手软。它们有着霸王龙似的霸气与能力。在那个年代，它们毫无疑问称得上是陆地上的霸主。

小资料

名称：哥斯拉龙
身长：约6米
食性：肉食性
生活时期：三叠纪晚期
发现地点：美国新墨西哥州

里奥哈龙
LI' AOHALONG

里奥哈龙是一种植食性蜥脚类恐龙。它们生活在三叠纪晚期，是里奥哈龙科的唯一物种。其化石是约瑟·波拿巴在阿根廷里奥哈省发现的。

外形

很多的科学家都认为里奥哈龙的近亲应该是黑丘龙，因为它们身上有很多特征是一样的，特别是它们的体形和四肢结构。里奥哈龙的体形比较大，一般体长

里奥哈龙

在10米左右，头部相对较小，有着长而细的脖子，前后肢长度差不多，粗壮有力，尾巴细长。里奥哈龙的牙齿呈叶状，有锯齿边缘，在上颌的前方有5颗牙齿，后方有24颗，这些能够帮助它很好地进食植物。

特别的骨头

里奥哈龙身躯庞大，四肢粗壮有力，但是它的重量不是很重，这是因为里奥哈龙的脊椎骨是中空的。中空的脊椎骨起到了减轻重量的作用，降低了四肢负荷的力量，使四肢能够支撑起庞大的身躯。除此以外，它们的荐椎骨也比较特别，大部分的蜥脚类恐龙都只有3节荐椎骨，但里奥哈龙不同，它们的荐椎骨多出一节来，共有4节。

生活习性

里奥哈龙的前后肢长度差不多，所以它们是以四足行走的方式缓慢移动的。在茂密的原始森林里，它们缓慢地挪动身躯，低头啃食各种蕨类植物，因为身形庞大，所以必须用四肢来支撑身体的重量，无法只以后腿支撑站立。

小资料

名称：里奥哈龙
身长：约10米
食性：植食性
生活时期：三叠纪晚期
发现地点：阿根廷

南十字龙
NANSHIZILONG

南十字龙生活在三叠纪晚期，是人类已知的最古老的恐龙之一，属于肉食性兽脚类恐龙。

化石发现

　　南十字龙化石是1970年在巴西南部的南里约格朗德州发现的，它是南半球发现的少数恐龙之一，因此它的名字便根据只有南半球才可以看见的南十字星座命名。

外形

　　南十字龙是一种体形比较小的恐龙。它们的身长只有2米左右，体重约30千

克，长颚上长着整齐的牙齿，这是用于捕捉猎物的。细长的像鸟腿一样的后肢可用来追逐猎物。它们的尾巴不长，长度大约只有80厘米，但是与较晚期的其他蜥脚类恐龙比起来，它们的尾巴已经算是较大的、也是较短的。它们只有两个脊椎骨连接骨盆与脊柱，这是一种明显的原始排列方式。

🌴 化石研究

　　南十字龙的化石并不完整，这给人们的研究带来了一定的难度。古生物学家根据挖掘出的不完整的脊椎骨、后肢和大型的下颌化石，推测南十字龙长有五根手指和五个脚趾，重建过的下颌骨头还显示出了它具有滑动的下巴关节，可以让下颌上下左右地自由移动，这表示南十字龙可以将较小的猎物，沿着向后弯曲的小牙齿往喉咙后方推动。

小资料

名称：南十字龙
身长：约2米
食性：肉食性
生活时期：三叠纪晚期
发现地点：巴西

皮萨诺龙
PISANUOLONG

[皮] 萨诺龙又叫作比辛奴龙或皮萨龙，它们生活在三叠纪晚期，活动区域一般在今天的南美洲地区，属于植食性鸟臀目恐龙。

 外形

　　皮萨诺龙是一种小型恐龙，身长大约有1米，身高大约30厘米，体重一般不超过10千克。脖子较短，长有四肢，但前肢明显短于后肢，而且没有后肢发达，尾巴与身体的长度基本一致。

皮萨诺龙

小资料

名称：皮萨诺龙
身长：约1米
食性：植食性
生活时期：三叠纪晚期
发现地点：阿根廷

习性

　　皮萨诺龙是已知最原始的鸟臀目恐龙，它们是植食性恐龙。主要食物是蕨类和低矮的树叶等。由于发现的化石并不完整，所以目前人们对皮萨诺龙的认识十分有限，有待于进一步的研究考证。

始盗龙
SHIDAOLONG

[始] 盗龙的生存年代非常早，大约在距今2.3亿～2.25亿年前的三叠纪晚期，是目前发现最古老的恐龙。

外形

始盗龙的个头非常小，体长约为1.5米，重量估计约10千克，大概跟现在的狗差不多。它是趾行动物，以后肢支撑身体。它的前肢只是后肢长度的一半，而每只手都有五指。其中最长的三根手指都有爪，被推测是用来捕捉猎物的。科学家推测第四及第五指太小，不足以在捕猎时发生作用。

始盗龙头骨

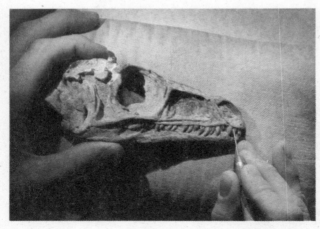
一名古生物学家正在用精巧的工具将始盗龙头骨化石上的岩石颗粒除去。始盗龙的头骨如此小巧，以至于处理它的纤细骨头时必须格外小心。

杂食性动物

始盗龙有尖牙利齿，前牙呈树叶状，这和植食性恐龙的很像，但是后牙却和肉食性恐龙的很相似，都长得像槽一样，这一特征证明始盗龙很可能既吃植物又吃肉，同时也说明它应该是地球上最早出现的恐龙之一。

小动物杀手

　　始盗龙就像一个突然闯入地球的强盗，相对其他生物来说有着非常明显的优势，这些优势让它能够迅速猎杀捕物，一些小动物甚至某些哺乳动物的祖先都成了它的美餐。

小资料

名称：始盗龙
身长：约1.5米
食性：以肉食为主的杂食性
生活时期：三叠纪晚期
发现地点：阿根廷

瓜巴龙
GUABALONG

[瓜] 巴龙被发现于巴西南大河州瓜巴市的水文盆地，时间是在1999年，发现者是波拿巴和他的同事。瓜巴龙生活在三叠纪晚期，属于较早期的肉食性恐龙。

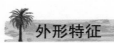
外形特征

瓜巴龙的上颌骨与下颌骨相比要发达许多，而且上颌骨的前端是向下弯突的，它的牙齿比较粗大，眼眶也很大，这些特征都显示了瓜巴龙身上带有身为早期恐龙较为原始的一面。

善于奔跑的恐龙

瓜巴龙的体形属于小巧型的，所以古生物学家推测它应该是一种很善于奔跑的恐龙，同时因为身体小的原因，它们也应该是一种群居的恐龙，而且很善于团队狩猎。

小资料

名称：瓜巴龙
身长：不详
食性：肉食性
生活时期：三叠纪晚期
发现地点：巴西

恐龙牙齿的形状

恐龙知识小宝库

　　恐龙都长着一副尖锐的牙齿，以便它们更好地咀嚼食物。它们牙齿的大小和形状取决于它们吃的食物，有的可以切断食物，有的可以撕碎食物。

生活习性

　　瓜巴龙与同时代的艾雷拉龙和始盗龙有着一定的亲缘关系，所以在某些身体特征方面已经拥有了和后来出现的各种食肉恐龙一样的特征，这主要表现在它的耻骨已经不是很大了，下颌中部已经没有了植食性恐龙该具有的那种额外的连接装置了。

黑丘龙
HEIQIULONG

黑丘龙又名梅兰龙、美兰龙，是一种巨大的原蜥脚类恐龙，生存于三叠纪晚期的南非。

外形

黑丘龙拥有巨大的身体与健壮的四肢，显示出它们是以四足方式移动的。其四肢骨头巨大而沉重，类似于蜥脚类的四肢骨头。同大部分蜥脚类的脊椎骨一样，黑丘龙的脊骨中空，以减轻重量。黑丘龙之所以进化出庞大的身驱可能是用来抵御天敌。

化石发现

直到2007年，第一个黑丘龙的完整颅骨才被发现。黑丘龙的头很小，颅骨约25厘米长，大致呈三角形，口鼻部略尖，前上颌骨两边各有4颗牙齿，这是原始蜥脚亚目的特征。

小资料

名称：黑丘龙
身长：10～12米
食性：植食性
生活时期：三叠纪晚期
发现地点：南非

第三章

探秘侏罗纪

侏罗纪是恐龙的繁荣时代，许多新的恐龙在这个时期迅速崛起。在侏罗纪末期，恐龙无论从体形上、智力上等都远远超过其他生物，这让它们成为了那个时代的霸主。

侏罗纪——恐龙繁荣时代
ZHULUO JI——KONGLONG FANRONG SHIDAI

[**侏**]罗纪是介于三叠纪和白垩纪之间的地质时代，约在距今1亿9960万年到1亿4550万年之间。这个时期，泛古陆已经开始分离。

 暖湿的气候

当泛古陆在侏罗纪四分五裂时，汪洋大海在大陆之间形成。海平面上升，大片的陆地被海水淹没。那时的地球与三叠纪时期相比，温度更低，湿度更大，但仍比今天的地球温度要高。

翼手龙以昆虫为食。和其他所有翼龙一样，它具有敏锐的视力，用来定位捕杀猎物。

这具兽脚类气龙的骨架展示了它巨大尖锐的牙齿，可以用来撕咬猎物身上的肌肉。

新恐龙崛起

新的、独特的植食恐龙在侏罗纪时期迅速崛起。例如剑龙和甲龙，它们身上长有保护性的骨板和骨钉。

侏罗纪杀手

许多侏罗纪时期的兽脚类恐龙都是巨型的。它们有的长达12米，能够杀死最庞大的蜥脚类恐龙，其尖锐、致命的牙齿和强有力的下颌能够击溃几乎所有的对手。

气龙脚上长有锋利的爪子，能轻易地抓伤猎物。

83

禄丰龙
LUFENGLONG

[**禄** 丰龙是一种出现得比较早、较为原始的恐龙，它们生活在距今1.9亿年前的侏罗纪早期。]

闻名于世的化石

禄丰龙因其化石被发现于中国云南省禄丰县而得名。目前中国发现的禄丰龙化石多达数十个，其中有一条名叫"许氏禄丰龙"的骨架非常完整，从头到尾巴尖上的骨头几乎没有缺少。像这样完整的化石，世界上发现的也不多，是中国找到的第一具完整的恐龙化石，堪称世界顶级资源。

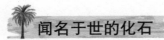

外形特征

禄丰龙是一种中等大小的恐龙，它们的个子不算很高，体长5米左右，即使直立地站起来，也不过2米高；它们的脖子虽然很长，但是脖子上脊椎骨的构造简单，脖子并不灵活。禄丰龙的头小而且呈三角形，还没有脖子粗大。鼻孔也呈三角形，眼眶大而且圆，嘴里的牙齿参差不齐，尖而扁平，齿缘有起伏的锯齿形微波，这样的牙齿便于吞食植物。禄丰龙长有一条长长的尾巴，能够平衡身体前部的重量，这也是保证它能够自由活动的前提。

禄丰龙骨架

生活习性

禄丰龙一般生活在湖泊和沼泽岸边，主要靠吞食植物的嫩枝叶和柔软藻类生活。禄丰龙行动敏捷，它们的前肢很短小，后肢则粗壮有力，趾端还有粗大的爪。因此通常习惯用两条腿行

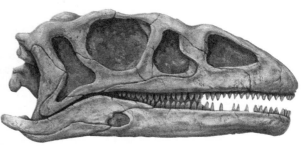

禄丰龙头骨化石

走，如果遇到肉食恐龙前来侵害，便迅速逃跑；但是在觅食或休息时，它们也会前肢着地，弓背而行。正是由于这种行动方式，促使它们进一步适应环境，向着四足行走的巨大蜥脚类恐龙演变了。

禄丰龙被称为后来巨大植食性恐龙的祖先。

小资料

名称：禄丰龙
身长：约5米
食性：植食性
生活时期：侏罗纪早期
发现地点：中国

异齿龙
YICHILONG

异齿龙又被称为畸齿龙，意为"长有不同类型牙齿的蜥蜴"。它们生活在侏罗纪早期的南非地区，是原始的鸟脚类恐龙，同时也是最小的鸟脚类恐龙。和其他巨型恐龙相比，异齿龙就像一个刚出生的小娃娃，它们的体长只有1米左右，还不及山东龙的前肢长。

多种多样的牙齿

绝大部分恐龙都仅有一种牙齿，但小小的异齿龙却长有三种形态的牙齿：第一种牙齿很小，位于上颌部前方、喙的两侧，这类牙齿用于切割植物、咬断叶

子；第二种牙齿是一对长长的大牙，有的专家学者认为这种牙齿并非用于咀嚼食物，而是用来威吓或攻击敌人的；第三种牙齿是呈长方形的颊齿，用于咀嚼植物。它们的牙齿如此多样，因此被人们称为异齿龙。

前肢的用途

和同一时期的其他恐龙不同，异齿龙的前肢非但不短小，而且很长，几乎占了后肢长度的70%，在前

肢上还长有具有五指的长爪子，其中前两指长而有力，可以灵活自由地弯曲，这可能是为了满足捕猎的需要。但更多的学者根据异齿龙生活的干旱或半干旱环境推测，它们前肢的作用是在干旱的土地上挖掘深埋在地下富含水分的植物根茎。

异齿龙与人对比图

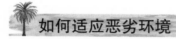
如何适应恶劣环境

异齿龙生活在气候最干旱的南非，那里雨水少、温差大，当一年中最恶劣的天气出现之时，为了生存下去，异齿龙可能养成了适应环境的夏眠或冬眠的习性。也有的学者认为它们会随着季节的变化进行迁徙。

小资料

名称：异齿龙
身长：约1米
食性：植食性
生活时期：侏罗纪早期
发现地点：南非

安琪龙
ANQILONG

安琪龙是一种蜥脚类植食性恐龙，它们生活在侏罗纪早期，其化石遗骸主要是在美国东部的康涅狄格州、马萨诸塞州以及非洲南部的一些地区发现的。

外形

安琪龙的外形看起来小巧修长，它们的脑袋较小，形状近似于三角形，上面长着一个细长的鼻子。安琪龙还长着长长的脖子，其身体瘦长，尾巴也很长。与其他的蜥脚类恐龙相比，安琪龙的身体构架轻巧，因此看起来小巧瘦弱，大小和一只大个的狗差不多。

多功能的爪子

安琪龙前肢短后肢长，后肢的长度大概是前肢的三倍，在两个前肢的第一个"指头"上长着大而弯的爪子。大而弯的爪子可能是用于勾住长满叶子的树枝往自己嘴里塞，在受到敌人的攻击时，这个大而弯的爪子也可能被用作武器去抽打和击伤敌人。

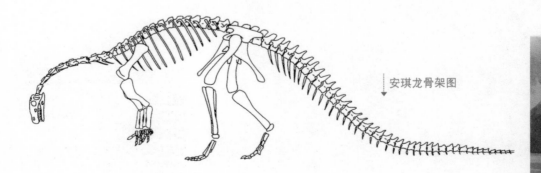

↓ 安琪龙骨架图

习性

安琪龙的嘴巴又尖又长，可是里面的牙齿却很细小，而且一点也不锋利，这些牙齿带有锯齿边，形状很像钻石，适合于取食树叶等植物。安琪龙正是用这样的牙齿来咬掉低矮植物上的柔软叶

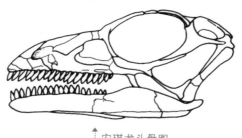

安琪龙头骨图

子。安琪龙大多数时间都是采取四足行走的方式移动身躯，但有时为了咬取高处树枝上的叶子，它们也会靠后肢站立起来。

小资料

名称：安琪龙
身长：约2米
食性：植食性
生活时期：侏罗纪早期
发现地点：美国、非洲南部

巨椎龙
JUZHUILONG

巨椎龙又名大椎龙，它们生活在侏罗纪早期，身长在4～6米之间。整个身体由9节长颈椎、13节背椎、3节荐椎、以及至少40节尾椎组成，这巨大的脊椎极其惹人注目，它们也因此有了这个名称。

个大但不笨拙

站在恐龙群里，巨椎龙可谓鹤立鸡群，块头极大，但是它们一点都不笨拙。它们是植食性动物，为了能够吃到大树顶上的树叶和嫩芽，它们常常依靠两条后腿将身体直立起来，灵活地摆动着颈部和头部，将嫩叶卷入嘴中。

灵活的"双手"

巨椎龙前肢上的"手"很有特点，不仅大，在拇指上还长着弯曲尖利的爪。这爪子不常用来攻击敌人，而是更常用来捡取地上或低处的树叶。它们常常灵活自如地运用这双"巧手"来获得自己所喜欢的食物。

巨椎龙长有特别大的爪子，帮助它把植物的根系挖出地面。

90

另类的消化方式

巨椎龙吃食物的时候常常故意将一些小而圆的卵石吞入胃中。小朋友千万别担心，巨椎龙决不会因此而消化不良，相反，这些卵石更利于它们的消化和吸收。原来，巨椎龙的牙齿很小，可以将树叶咬断，但咀嚼功能不强，不足以嚼碎食物，而这些被吞入胃中的卵石可以将树叶捣成浓厚而黏稠的汁液，起着碾磨器的作用。有了它们，恐龙就能够吸收到身体所需的营养了。这可真算是另类的消化方式了。

小资料

名称：巨椎龙
身长：4～6米
食性：植食性
生活时期：侏罗纪早期
发现地点：南非

棱背龙
LENGBEILONG

棱背龙生活在侏罗纪早期，又被称作肢龙、腿龙和踝龙，是一种极其原始的鸟臀目植食性恐龙，广泛分布在美国的亚利桑那州、英国的多塞特和中国的西藏。

外形

棱背龙的大小和一只成年犀牛差不多，头很小，颅骨低矮、呈现三角形，颈部长，后肢较前肢长，后肢下半部的骨头较粗短。但棱背龙的前脚掌与后脚掌一样大，显示它们是利用四足行走的。

甲板做的外套

棱背龙的背上覆盖了一层坚硬的鳞甲和两排整齐、小巧的骨板，上面长满了尖刺，就像给自己套上了一件甲板做的"外套"，让其他肉食性恐龙咬不下去，这就很好地保护了自己。当遇到肉食性

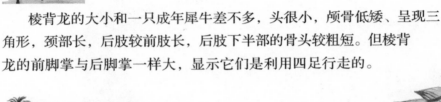

恐龙的袭击而又实在无法逃脱的时候，它们就会把身上有骨板的部位尽量对准敌人，这样肉食性恐龙即使咬穿了棱背龙的外皮，也因为牙齿碰到了骨板而再也咬不下去了。

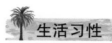

生活习性

棱背龙拥有非常小的叶状颊齿，适合咀嚼植物。一般认为它们进食时，是以后肢支撑身体，以便吃到树上的树叶，然后下颚上下移动，让牙齿与牙齿间产生刺穿和压碎的动作。

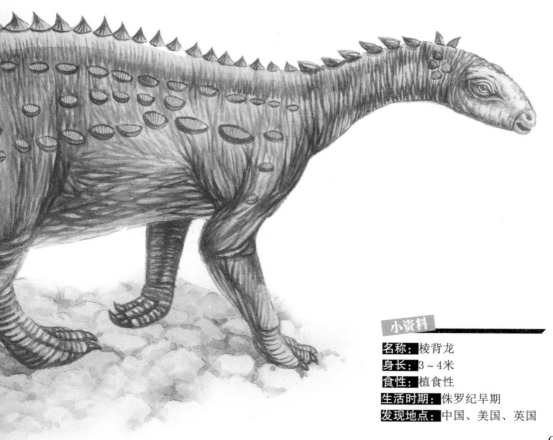

小资料

名称： 棱背龙
身长： 3～4米
食性： 植食性
生活时期： 侏罗纪早期
发现地点： 中国、美国、英国

双脊龙
SHUANGJILONG

双脊龙也被称为双冠龙，它们生活在侏罗纪早期，属于兽脚类肉食性恐龙。其化石是在美国亚利桑那州图巴市西面的纳瓦荷印第安保留区中发现的。

外形

双脊龙的整个身体骨架极细，因此显得比较"苗条"。它们体长6米左右，站立时头部离地约有2.4米，体重达半吨。它们的头顶长有两片大大的头骨，像顶着两个头冠一样。它们的鼻和嘴前端特别狭窄，柔软而灵活，口中长满利齿，可以从矮树丛中或石头缝里将那些细小的蜥蜴或其他小型动物衔出来吃掉。它们四肢顶端都长有利爪，前肢短小，后肢发达，善于奔跑。

↑ 双脊龙

头冠

对于双脊龙头上长有的圆而薄的头冠的具体作用，人们看法不一。有的古生物学家认为其头冠是雄性双脊龙争斗的工具。但是经考证，双脊龙的头冠是比较脆弱的，不太可能用于打斗。所以也有的古生物学家认为，双脊龙的头冠也许只是用来吸引异性的工具。头冠大的双脊龙可能在群居中占有较大的地盘，并拥有和更多雌性恐龙交配的特权。

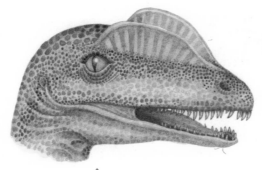

↑ 双脊龙头部特写

生活形态

　　双脊龙是一种食肉恐龙，它们性情凶猛，行动敏捷，能够飞速地追逐植食性恐龙。比如全力冲刺追逐小型、稍具防御能力的鸟脚类恐龙，或者体形较大、较为笨重的蜥脚类恐龙，如巨椎龙等。在追到猎物后，一般都是先用牙齿撕咬猎物，同时挥舞四肢的利爪把猎物抓紧，最后解决掉猎物。

小资料

名称：双脊龙
身长：约6米
食性：肉食性
生活时期：侏罗纪早期
发现地点：美国

冰脊龙
BINGJILONG

[**冰**] 脊龙又名冰棘龙或冻角龙，属于双足兽脚亚目恐龙，是第一个被发现生活在南极洲的肉食性恐龙，也是第一种被记录的南极洲恐龙。它们的生存年代可追溯至侏罗纪早期，是最早的坚尾龙类恐龙。

奇特的头冠

冰脊龙外形上最大的特征就是它们头顶上突出的奇特的骨质结构，就像点缀在头顶的小山峰，它们的名字也由此而来。它们的牙齿呈锯齿形，并生有利爪，习惯两足行走。在冰脊龙眼睛前方，有一个角状向上的冠，这个奇特的头冠横在头颅上，冠的两侧还

小资料

名称：冰脊龙
身长：约6米
食性：肉食性
生活时期：侏罗纪早期
发现地点：南极洲

冰脊龙与人对比图

雄性冰脊龙可能用它的头冠
吸引异性。

各有两个小角锥，因为头冠很薄，所以古生物学家
认为其不具备防御功能，猜测其用途是吸引异性的
注意。

 **化石研究**

　　冰脊龙化石在南极洲的发掘在恐龙研究进程中是一项重大的进展，为证明恐
龙有可能是温血动物提供了一个证据。因为要在南极洲度过长达6个月的冬季，就
必须维持足够高的体温以免被冻僵。

97

塔邹达龙
TAZOUDALONG

[塔 邹达龙属于蜥脚类植食性恐龙的一种，生活在距今1.8亿年前的侏罗纪早期。塔邹达龙的属名是以发现地点Tazouda为名。]

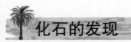
化石的发现

塔邹达龙的化石是在2004年化石发现于摩洛哥亚特拉斯山脉Toundoute逆掩断层，位于岩屑沉积层内，包含一个部分成年骨骸与相关的部分幼年个体，是目前发现的最古老的蜥脚类恐龙化石。

化石研究

塔邹达龙的化石是目前发现的最完整的侏罗纪早期的蜥脚类化石。

从发现的塔邹达龙的头骨、颌骨和一些脊椎化石推测，它拥有相当原始的特征，例如类似原蜥脚下目的下颚、拥有小齿的匙状牙齿，形状有些像犀牛，还有着长长的脖子和尾巴，颈部应该很灵活。

小资料

名称：塔邹达龙
身长：约9米
食性：植食性
生活时期：侏罗纪早期
发现地点：摩洛哥

法布尔龙
FABU' ERLONG

[**法**] 布尔龙是原始鸟臀目恐龙的一属，是种植食性恐龙，生存于侏罗纪早期的非洲南部，距今约1.99亿年至1.89亿年前。

🌴 小巧轻盈的身躯

法布尔龙是一种早期的鸟脚类恐龙，与盾板龙有亲戚关系。它们的身长仅1米，就算它们尽量站直，也不会高于我们的餐桌，在整个恐龙世家里算是很小巧轻盈的了，同时这也在遍地都是大型动物的侏罗纪时代显得十分罕见。

🌴 坚硬的牙齿

法布尔龙一般靠后肢来行走或者奔跑，所以后肢很强健有力。前肢也很强壮，上面的手指也是很灵活的。它们的牙齿很坚硬，上面带有锯齿，就像一把锯齿刀，能够把粗硬的树木撕裂开来，并且嚼碎了咽下去。

小资料

名称： 法布尔龙
身长： 1米
食性： 植食性
生活时期： 侏罗纪早期
发现地点： 南非

99

莱索托龙
LAISUOTUOLONG

[**莱** 索托龙生活在2.08亿～2.00亿年前的侏罗纪早期，是最早的恐龙种类之一。]

化石发现

　　莱索托龙在1978年得以命名，它们的化石发掘地在非洲的莱索托地区，在法布尔龙化石发掘地附近，属于法布尔龙类恐龙。

特大号"蜥蜴"

　　莱索托龙的形体和现代的蜥蜴很相似，头很小，脖子纤细，身躯很长，肚子很大，尾巴也很细长。小巧玲珑的莱索托龙从正面来看，简直就是一只用后肢行走的特大号蜥蜴。另外，它的身体轻巧，前肢较短，后肢修长有力，虽然个头很小，但是因为身体具有这些特征而表现出了良好的平衡性，保证了它行动时的敏捷性。所以它奔跑起来速度很快，有"快跑能手"之称。

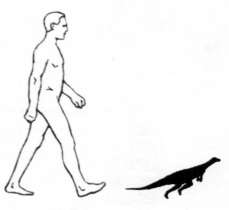

人与莱索托龙对比图

习性

　　莱索托龙一般以低矮的植物为食，它的嘴呈鸟嘴状，且非常坚硬，嘴边有

莱索托龙成群出没，
用以抵抗捕食者如兽
脚类合踝龙的袭击。

角质的覆盖物，这层覆盖物的作用是把植物快速地剪切下来，然后再用嘴里形状
不一的牙齿对入口的食物进行处理，颌骨两边箭头一样的牙齿很适合咬住食物。

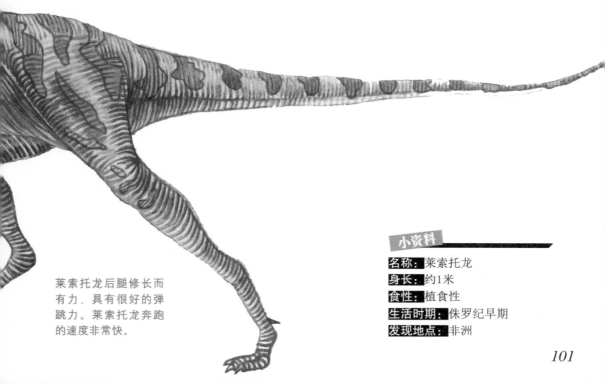

莱索托龙后腿修长而
有力，具有很好的弹
跳力。莱索托龙奔跑
的速度非常快。

小资料

名称：莱索托龙
身长：约1米
食性：植食性
生活时期：侏罗纪早期
发现地点：非洲

盐都龙
YANDULONG

盐都龙生活在侏罗纪中期，是一类比较小的鸟脚类恐龙。它们一般群居在湖岸平原，以植物或一些小的动物为食。由于其化石是在"中国千年盐都"——四川省自贡市发现的，所以有此名称。

盐都龙的分类

盐都龙大致分为两种，分别是多齿盐都龙和鸿鹤盐都龙。二者的特征基本相同，只是体形大小差别很大，鸿鹤盐都龙要比多齿盐都龙大了将近一倍。这两种盐都龙如果走在一起，很有可能会被其他恐龙误认为是父子关系哟!

↑ 盐都龙骨骼图

明亮的双眸

盐都龙的头部很小，在这小小的脑袋上却长着一双与其比例极不相称的大眼睛。它们的眼睛非常明亮，可以清晰地看到远处各种恐龙的一举一动。这对视力极佳的眸子可以帮助它们快速地发现天敌，然后用最快的速度逃离。

恐龙界的"羚羊"

羚羊素以奔跑和跳跃著称于世，它们逃避天敌的本领几乎无人能敌，而盐都龙也拥有和羚羊极为相似的特点。生物学家通过对盐都龙化石标本的研究发现，它们的后肢强壮而有力，很善于奔跑，偶尔也能高高地跳起来扰乱追捕者的视

线。每当遇到危险，盐都龙都会迈开那大而有力的双腿，充分发挥它们善于奔跑的本领，越跑越快，将那些大而笨拙的天敌远远地甩到后面。

多齿盐都龙与人的对比图

小资料

名称：盐都龙
身长：1～3米
食性：杂食
生活时期：侏罗纪中期
发现地点：中国

气龙脚上长有锋利
的爪子，能轻易地
抓伤猎物。

气龙
QILONG

气龙虽没有阿根廷龙或迷惑龙那样庞大的身躯，但它们也并不短小，它们身长约3.5米，体重约150千克，是一类中等大小的肉食性恐龙，属于兽脚亚目。

奇妙的渊源

在一个风和日丽的早晨，一支开采天然气的工程队正在四川盆地进行考察，仪器插入土层之后，感觉似乎撞上了硬物，工程队队员立即将这一情况向该地区政府反映，考古专家立即赶来，小心翼翼地挖开泥土，一具保存完整的食肉恐龙化石展现在人们面前。为了纪念这种恐龙与天然气工程队的奇妙渊源，人们将其命名为气龙。

武器颇多

作为一种食肉恐龙，气龙捕猎时所能利用的工具极多。它们有着呈锯齿状的尖锐牙齿，能轻而易举地咬穿并撕裂生肉；它们有着强劲的爪子，可以轻易地抓住小型猎物或大型猎物的外皮；它们有着一颗硕大而坚硬的头颅，这夸张的脑袋不仅能起到威吓作用，甚至能够撞伤猎物；它们还有一条长长的尾巴，危急之时能将其当作鞭子猛力抽打猎物。有如此之多的武器，还愁捉不到猎物吗？

身手灵活而敏捷

气龙的身体十分灵活，旋转、倒退极其自如，它们的行动非常敏捷，奔跑起来速度极快。这一特点使其在发现猎物之时能够迅速赶上，在遇到危险的时候也能快速逃离，使它们在复杂的生存环境中更易生存。

小资料

名称： 气龙
身长： 约3.5米
食性： 肉食性
生活时期： 侏罗纪中期
发现地点： 中国

川街龙
CHUANJIELONG

[川]街龙生活在侏罗纪中期，是一种植食性蜥脚类恐龙。

庞然大物

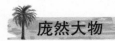

川街龙是一种大型恐龙，据挖掘出来的川街龙股骨化石与肱骨化石来看，古生物学家推测它们的身长在24米以上，这真是不折不扣的庞然大物了。它们是中国迄今为止发现的较大恐龙之一。

团结力量大

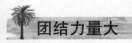

别看川街龙的块头大，它们的防御能力却不强，行动也很笨拙缓慢，如果独自行走在当时到处是食肉恐龙的恶劣环境中，很容易就会丧命。它们自己一定也了解到了自身的弱点，所以几乎不落单，总是成群结队地出现。几十甚至上百只庞然大物结伴而行，这队伍简直可以称得上壮观，食肉恐龙也就拿它们毫无办法了。

恐龙聚居地

一个很偶然的机会，川街龙的化石在中国云南被发现并挖掘出土，与它的化

106

石一起被发现的还有其他7具不同种类的
恐龙化石，可见这个地方是世界上恐龙化
石最集中、最丰富，也是研究价值最高的
地方。这个地方无疑也成了世界古生物学
家们最为珍爱的地方。这里为川街龙的研
究乃至整个恐龙家族的研究都作出了突出
的贡献。

庞大的川街龙骨架

小资料

名称：川街龙
身长：约24米
食性：植食性
生活时期：侏罗纪中期
发现地点：中国

107

蜀龙
SHULONG

[**蜀** 龙是生活在侏罗纪中期的中国四川盆地的蜥脚类恐龙，因为四川的
简称为"蜀"，故而命名为蜀龙。]

衣食无忧

侏罗纪中期的四川盆地河川密布、绿树成荫，广阔无垠的土地上长满了各类
植物。由于环境适宜，植物的生长速度惊人，即使
恐龙食量再大，数量再多，也不必担心植物会被吃
光。对于植食性的蜀龙来说，这里简直是天堂。

沉稳的个性

蜥脚类恐龙大多都很灵活，行动敏捷，奔跑速度很
快，但同属于此类的蜀龙却截然相反。它们的行动很缓
慢，从不急走，更不会奔跑，它们总是慢悠悠地行
走，显得极其沉稳。即使是遇到了危险，
它们也仍然改不了这慢吞吞的
个性，逃得极
为笨拙。

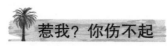

惹我？你伤不起

别以为蜀龙笨笨的就好欺负哟，它们深藏不露，拥有着一件无比厉害的武器，那就是极具特点的长尾巴。与其他恐龙的尾巴不同，蜀龙的长尾末端还长着一个由几节膨大并融合的尾椎骨所组成的骨质尾锤，这尾锤呈椭圆状，有橄榄球大小，乍一看，酷似动画片中的"流星锤"。这锤如果挥舞起来，无论打到哪位，估计都得重伤吧！

小资料

名称：蜀龙
身长：约11米
食性：植食性
生活时期：侏罗纪中期
发现地点：中国

蜀龙能用尾部抵御任何试图攻击它的兽脚类捕食者。

浅隐龙
QIANYINLONG

浅隐龙是海生爬行动物蛇颈龙类的一属，生存于侏罗纪中期。

外表

浅隐龙属于蛇颈龙类，据估计身长为8米、重达8吨，是种中等大小的蛇颈龙类。它们的头部相当平坦，眼睛朝上。头颅骨宽广而轻盈，颌部拥有约100颗连续的长而纤细的牙齿，适合用来猎食鱼类、甲壳动物以及头足类动物。鼻部位于前方，而鼻孔相当小。

不灵活的长脖子

浅隐龙的颈部长达2米，似乎并不灵活。它们可能将头部前伸，以避免身体惊动猎物。它们有四个宽广的鳍状肢，除了以波浪状运动方式在水中游动，还可以将前鳍状肢往上，同时将后鳍状肢往后运动，类似海豚。

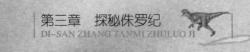

小资料

名称：浅隐龙
身长：约8米
食性：肉食性
生活时期：侏罗纪中期
发现地点：英格兰

习性

　　尽管浅隐龙外表看起来笨重、不灵活，但它们在水中游动时，会使用鳍状肢当桨，可以很灵活地寻找猎物。它们可能在海中产卵，但这是推测而来的。

　　浅隐龙的头部与牙齿易脆断，使它们不可能咬住任何猎物，因此它们应是以小型、身体软的动物为食，例如鱿鱼与浅水鱼类。浅隐龙可能使用它们的长啮合牙齿来过滤水中的小型猎物，或者从海底沉积物中寻找底栖动物。

峨眉龙
EMEILONG

峨眉龙是一种生活在侏罗纪中期的蜥脚类植食性恐龙，它们往往喜欢群居的集体生活，并会结伴而行去觅食。这种体形巨大的恐龙的化石是在中国四川省峨眉山发现的，所以取名为峨眉龙。

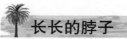
长长的脖子

峨眉龙的脖子很长，脊椎数量达17节，最长的颈椎可以是尾椎的3倍，是它们尾巴长度的1.5倍，所以峨眉龙的脖子显得尤为纤长。

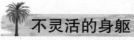
不灵活的身躯

峨眉龙的脖子很长，但是相对来说它的四肢却很短，并且峨眉龙的大腿骨长于小腿骨，上臂骨长于前臂骨。峨眉龙这样不平衡的生理结构使得它走起路来步伐缓慢，动作不灵活。

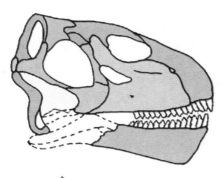
↑ 峨眉龙头部骨骼图

致命法宝

　　峨眉龙不灵活的身躯使得它要想尽办法让自己的身体保持平衡，于是聪明的峨眉龙就让自己的尾巴始终保持着水平状态而不拖在地上。不要小瞧了它的尾巴，在危难关头，峨眉龙的尾巴会摇身一变成为它战胜敌人保护自己的法宝，峨眉龙的尾巴会像鞭子一样抽打敌人，直至敌人仓皇而逃。

小资料

名称： 峨眉龙
身长： 12～14米
食性： 植食性
生活时期： 侏罗纪中期
发现地点： 中国

华阳龙
HUAYANGLONG

华阳龙是生活在侏罗纪中期的剑龙类恐龙，化石标本首先发现于中国四川省自贡市大山铺恐龙动物群化石点，因四川古称华阳，而得此名。

外形特征

华阳龙体长4米左右，高约1米；长有一个较小但却厚重的头，嘴巴和鼻子都很短小，从上往下看呈三角形，从侧面看，前低后高，呈楔形。它们的上颚前端长有细小的牙齿，呈叶片状，嘴前端有构造简单的犬状齿存在，很适合它咀嚼植物。华阳龙有适应陆地生活的四肢，前肢比后肢短小，前足五指，后足四趾，指（趾）端有扁平的爪子。

独特的防御武器

华阳龙的剑板形状多样，颈部的为圆桃形，背部和尾部的呈矛状，左右双双对称排列，看起来就像是肩膀、腰部以及尾巴尖上都长着长刺。当受到攻击时它们就会把这些长着长刺的部位转过来对着袭击者，同时拼命地用带刺的尾巴抽打敌人，从而发展出了一套独特的防御武器。

 **生活习性**

华阳龙生活在湖滨河畔的丛林之中，以灌木的嫩枝嫩叶为食物。它们通常是3~5只群居在一起以抵御敌人的攻击，之中会有一只雄性的华阳龙担任首领，带领其余的成员觅食或防御。

小资料

名称：华阳龙
身长：约4米
食性：植食性
生活时期：侏罗纪中期
发现地点：中国

115

灵龙
LINGLONG

[**灵**龙，是一种小型的植食性恐龙，生活在侏罗纪中期，其生活地点在今天的东亚，属于鸟臀目类恐龙。]

命名的原因

灵龙的骨骼和长长的四肢很轻盈，这也是把它命名为灵龙的主要原因。

小巧的外形

灵龙很小巧，体长约有1.2米，嘴部的上下颌前端形成了喙嘴，这个特征和其他的鸟臀目类恐龙一样，可以帮助灵龙在进食的时候切碎食物，有利于它们更好地进食。

灵龙化石

化石研究

灵龙化石是于1951年在中国的四川发现的。从发现的这具比较完整的骨骼化石来看，灵龙的胫骨比股骨要长，这就说明了它很善于奔跑，也能看出，灵龙奔跑的时候只用到了后肢，而且在奔跑中和大多数的恐龙一样是用

尾巴来保持平衡的。但是在平时，灵龙应该是以四足行走的，特别是在觅食的时候。

小资料

名称：灵龙
身长：约1.2米
食性：植食性
生活时期：侏罗纪中期
发现地点：中国

剑龙
JIANLONG

剑龙也叫骨板龙，是一种巨大的长相古怪的恐龙，被人们称为"带屋顶的爬行动物"。

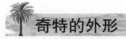

奇特的外形

剑龙的身体比例很奇特，它们有着又小又窄的头，却有着大象一样的身躯，强大的剑龙从鼻子到尾尖长8～9米，重2吨以上。它们背上长有两排巨大的骨板，尾部长有两对致命的骨钉，可以对任何猎食者发出致命的一击。它们靠四肢行走，前肢短后肢长，整个身体看起来就像一座拱起来的小山。

神奇的骨板

剑龙背上的骨板是由骨头构成的，一共有两排，这些骨板很轻薄，容易受损，并非强有力的攻击性武器。有人认为这些骨板具有防御性，它们将骨板充血变红，用

小资料

名称：剑龙
身长：约9米
食性：植食性
生活时期：侏罗纪中、晚期
发现地点：美国

118

来吓走攻击者；也有人认为那些鲜艳的颜色是用来吸引异性或者发出警告的；还有人认为，这些骨板是用来调节体温的，就像太阳能板一样，可以吸收太阳的热量，并在需要时将这些热量释放出来。剑龙的下颌骨到颈椎下方有一排较细的骨板，它们密集地排列在一起，与脖子上的骨板结合起来就能完美地保护剑龙的脖子和头部。

生活习性

剑龙行动十分迟缓，是植食性动物，通常生活在灌木、丛林之中，主要采食靠近地面生长的蕨类和苏铁，吃食的方式与现在的牛羊差不多，它们的嘴里长有150颗细小的叶状牙齿，可以用来咀嚼坚韧的植物。

鲸龙 JINGLONG

鲸龙是一种植食性蜥脚类恐龙，是发现的最早的恐龙之一。它们生活在距今约有1.81亿年～1.69亿年前的侏罗纪中晚期，活动范围在今天欧洲的英国和非洲的摩洛哥地区。

外形

鲸龙一般身长18米左右，体重约有24.8吨，是一种大型恐龙。它们的头部很小，牙齿像耙子一样，可以扯下植物的叶子。脖子很长，几乎和身体一样长了。但它们的背部基本保持水平状态，因为它们的前后肢长短差不多，像4个结实的柱子一样支撑着身体。尾巴也较长，包括有40节的尾椎。

实心的脊椎

鲸龙的脊椎和其他早期的蜥脚类恐龙一样，都是实心的，这是原始恐龙的特征，也是造成它们的身体很重的直接原因。这些实心的脊骨上长有许多海绵状的孔洞，有点类似现在的鲸鱼。

习性

鲸龙的四肢强健，大腿骨约有2米长，相当于现在一个成年人的高度，因为必须要支撑庞大的身躯，所以它们都是采取四足着地的方式行走。它们的颈部并不灵活，只可以在3米的弧线范围内左右摇摆。所以，鲸龙只可以低头喝水，或是啃食蕨类叶片和小型的多叶树木，没办法采食高处的食物。

小资料

名称：鲸龙
身长：约18米
食性：植食性
生活时期：侏罗纪中、晚期
发现地点：英国、摩洛哥

恐龙百科
KONGLONG BAIKE

斑龙
BANLONG

斑 龙又名巨齿龙、巨龙，是侏罗纪中、晚期的一种体形庞大的肉食性兽脚类恐龙，也是最早被科学地描述和命名的恐龙。斑龙的名字的拉丁文原意是"采石场的大蜥蜴"，其化石在几个国家都有发现，但都不完整。

斑龙

外形特征

斑龙站立起来高达3米，它们的头部很长，大约有1米，颈部厚实，但却非常灵活。前肢健壮短小，后肢修长有力，在四肢上都长有利爪，它们经常用手掌和足上的利爪对其他的动物进行攻击，很是凶残，可以说是一种非常残暴的猎食者。

无肉不吃的恐龙

斑龙是一种无肉不吃的恐龙，它们和犀牛一样笨重，体重大约有3吨，它们也

↑ 斑龙锋利的、略向后弯的牙齿

许无法捕获到腿脚麻利的猎物，但是它们会用自身巨大的体重来战胜较小型的肉食恐龙和行走缓慢的植食恐龙。或许它们会嗅到死去恐龙的尸体散发出的腐烂味道，并把较小型的食腐动物赶跑，然后扑上去大吃一顿。

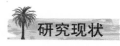

研究现状

人们对斑龙的了解很有限，因为自从其化石被首次发现后，到目前虽然已挖掘出了许多，但没有发现完整的骨骸。所以，很多细节无法确定。但人们在斑龙的下颌骨旧牙脱落的地方看到了有新牙要长出来的迹象。这表示它们的牙齿是具有增补性的，也就是旧牙一旦脱落，还会有新牙长出。

小资料

名称：斑龙
身长：约9米
食性：肉食性
生活时期：侏罗纪中、晚期
发现地点：英国、法国、葡萄牙

马门溪龙
MAMENXILONG

[马]门溪龙是生活在侏罗纪末期的蜥脚类恐龙，因其化石在中国的马
门溪地区被发现而得名。

🌴 最长的脖子

在动物的世界里，马门溪龙的脖子是最长的，有13～14米，占据了它全
长的二分之一。多年来，人们通过研究化石发现马门溪龙的颈骨要比看上
去轻得多，这使得马门溪龙的身形显得非常苗条。

马门溪龙因为长长的脖子，可以随心所欲地享受当时只有它们才能
够吃得到的高大树木上的嫩叶和果实。在遇到敌害时，马门溪龙便用
脚爪和尾锤进行自卫，与"敌人"决一死战。

🌴 最小的脑子

马门溪龙体形庞
大，头却很小，重
不过几斤，长不过
半米，不成比例的身
形的确令人费解。后来经过研究才知道，在合川马门溪龙骨盆的脊椎骨上，还
有一个比脑子大的神经球，也可称为"后脑"，起着中继站的作用，它
与小小的脑子联合起来支配全身运动。由于神经中枢分散在两
处，所以马门溪龙不是敏捷、机灵的动物，而是一种行动迟
缓、好静的庞然大物。

勺状的牙齿

马门溪龙的牙齿与梁龙类恐龙的钉状牙齿不同，它们的牙齿是勺状的，这可能是为了更适应当时的植物而进化的。另外，马门溪龙的牙齿替换具有连续性，它们的新牙生长和老牙的齿根吸收是同时进行的，齿根吸收越多的老牙，它的齿冠被磨蚀的痕迹就越明显。

小资料

名称: 马门溪龙
身长: 22～26米
食性: 植食性
生活时期: 侏罗纪晚期
发现地点: 中国

腕龙
WANLONG

腕龙生活于侏罗纪晚期的北美洲，可能还有白垩纪早期的北非，是圆顶龙类恐龙中的一个特殊成员。

小资料

名称：腕龙
身长：约26米
食性：植食性
生活时期：侏罗纪晚期
发现地点：美国

得名原因

腕龙生活于侏罗纪晚期，属蜥脚类恐龙。它的身长达到26米，高12～16米，体重在30吨左右，是目前挖出来的具有完整骨架的恐龙中最高的，同时也是地球上出现过的最大最重的恐龙。它的最大特征就是长着巨大的前肢，这也是它被称为"腕龙"的原因。

外形特征

腕龙的头部非常小，因此不是很聪明，是一种智商不高的恐龙。它的鼻孔长在头顶上，是一个丘状突起物。它有发达的颌部，上下有52颗牙齿，牙齿平直而锋利，可轻松地夹断嫩松枝。长长的脖子还能让它吃到其他恐龙无法吃到的树叶，满足它因身体庞大而惊人的食量。腕龙走路时四肢着地，巨大的身躯完全靠粗壮的四肢来支撑。它的前肢比后肢长，所以在行走时肩膀是耸起的，整个身体沿着肩部向后倾斜。

生活习性

　　腕龙性情温和，喜欢群居生活。为了满足它们的大胃口，它们经常成群迁移。所到之处，大地震颤，烟尘滚滚，惊散了其他各类小动物，只有天上的始祖鸟和翼龙安闲地盘旋在它们左右。

阿普吐龙
APUTULONG

[阿] 普吐龙又称雷龙，生活在侏罗纪晚期，属于植食性的蜥脚类恐龙。

名称的由来

阿普吐龙拥有巨大的身躯，颈部脊椎和四肢的骨骼都比较厚实，这更增加了其自身的重量。它们每条腿都有几吨重，每走一步，都会将大地震得"轰轰"直响，就像天空的雷声一样。如果几只或十几只阿普吐龙一起快走或奔跑起来，其他恐龙一定会以为马上要下起倾盆大雨来。所以人们又称其为雷龙。

最特别的自卫工具

阿普吐龙没有尖利的牙齿，没有坚硬的头冠，也没有可以当作盾牌或盔甲的骨板，但它们有一个最有力也最奇特的武器，那就是它们那纤细的长尾巴。这条尾巴颇为引人注目，由80块骨头组成，灵活而有力，坚韧而强壮。一旦遇到危险，它们就快速而用力地甩动尾巴来抽打敌人。尽管肉食恐龙十分凶猛，对阿普吐龙的肉也垂涎欲滴，但一看到如此厉害的武器，也只能无可奈何地离开了。

阿普吐龙与人对比图

🌴 稀疏的牙齿

阿普吐龙的牙齿不仅不够锋利，甚至还很稀疏，它们的牙齿呈木栓状，松松散散地排列在两颌间，就像梳子的齿一样。这样的牙齿无法将富含纤维的植物嚼烂，因此阿普吐龙只有借助吞食到胃中的石子来帮助消化了。

阿普吐龙化石

小资料

名称：阿普吐龙
身长：约26米
食性：植食性
生活时期：侏罗纪晚期
发现地点：美国

阿普吐龙的脖子和尾巴差不多长。

阿普吐龙的四肢非常粗壮，后肢比前肢稍长。科学家认为，阿普吐龙的后肢比前肢更有力，它们有时可能用后肢和尾巴作为支撑，直立起来。

头小身子大的阿普吐龙，一定会花大量的时间来吃东西，食物从长长的食管一直滑落到胃里，在胃里，食物会被它不时吞下的鹅卵石磨碎。

圆顶龙
YUANDINGLONG

圆顶龙生活在侏罗纪晚期广阔的平原上，它是北美最著名的蜥脚类恐龙之一。由于头部又短又圆，所以得名。

庞大而结实的身躯

圆顶龙的体形庞大，体长可达18米，体重达30吨。它们的腿部承受了如此巨大的重量，但却仍能行走自如，这不得不说是个奇迹。原来，它们的腿骨粗壮而圆实，骨骼已经演化出可以协调巨大体重的结构，很适于承重。

这是一具圆顶龙头骨。

有特点的大牙

圆顶龙的牙齿十分粗大，呈勺型，圆顶龙常用它们来吃些蕨类植物、松树等质地粗糙、纤维丰富的植物。如果进食的时候不小心损坏了牙齿，在旧牙脱落的地方还能相应地长出新牙来。这一优点真是令许多其他种类的恐龙羡慕不已啊！但是这种牙齿也有自己的缺点，不能很好地嚼碎食物。针对这一特点，圆顶龙也养成了一个独特的进食习惯：它们常常将叶子整片吞下，利用强壮的胃部功能来完成消化和吸收。

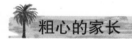 **粗心的家长**

　　圆顶龙是一种很懒的动物，它们从不做窝，即使到了生产的时候也依然如此。有的圆顶龙甚至是一边行走一边就生出了自己的小宝宝——恐龙蛋。这些刚刚生出的恐龙蛋绝不会被整齐地摆在窝中，而是比较杂乱地散落在地上。它们的父母也决不会守在一旁等待小恐龙破壳而出，更不会像其他动物那样照顾幼龙，真是粗心的家长啊！

圆顶龙与人对比图

小资料

名称：圆顶龙
身长：约18米
食性：植食性
生活时期：侏罗纪晚期
发现地点：北美洲

131

钉状龙
DINGZHUANGLONG

[钉] 状龙又名肯氏龙，是剑龙科恐龙的一个属，也属于植食性恐龙。

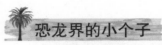
恐龙界的小个子

　　钉状龙的体形不是一般的小，它们的身长5米不到，个头只有剑龙的四分之一，跟一头犀牛差不多大小。和同样生活在东非的一些体形巨大的恐龙（如腕龙、叉龙）相比，真可谓是个不折不扣的小个子了。因此它们也只能以地面上的植物或一些低矮的灌木为食。

神奇的"第二大脑"

钉状龙的臀部有个空腔，据专家推测，这里的作用特别大，可能长有能够控制后肢和尾巴的敏感神经，也可能用于储存糖原体以用于随时补充体内能量或激发肌肉的功能。无论结论是什么，这里都是钉状龙身体上最为重要的部分，简直可以称为"第二大脑"。

防身的"利钉"

钉状龙是龙如其名，全身布满了防身的甲刺。靠近小脑袋的地方甲刺较宽，从身体的中部开始，越往后甲刺变得越窄、越尖。一遇危险，这些甲刺就会纷纷竖起来保护自己的主人，常常将那些嘴馋的食肉恐龙扎得鲜血淋漓。在钉状龙双肩的两侧，还额外长着一对向下的利刺，就像如今的豪猪那样。这些利刺使得小小的钉状龙得以在极其恶劣的生存环境中活下来。

小资料

名称：钉状龙
身长：约5米
食性：植食性
生活时期：侏罗纪晚期
发现地点：东非

133

沱江龙
TUOJIANGLONG

沱江龙属于剑龙类恐龙，生活在侏罗纪晚期，它与同时代生活在北美洲的江龙有着极密切的亲缘关系，是早期的剑龙之一，同时也是中国最负盛名的恐龙之一。其化石在1974年被发现于中国四川自贡市五家坝，是亚洲有史以来第一具完整的剑龙类骨架化石。

小资料

名称：沱江龙
身长：约7米
食性：植食性
生活时期：侏罗纪晚期
发现地点：中国

134

↑沱江龙化石

酷似拱桥的外形

沱江龙体长7米左右，与其他剑龙类恐龙一样，它们有着小小的脑袋，长而尖的嘴，纤细的牙齿，背部高高拱起，长着细长骨刺的尾巴拖在地上，整个形状就像中国古代的拱桥。

尖利的骨板

沱江龙的剑板较大，且形状多样，颈部的轻、薄，呈桃形，背部的呈三角形，荐部和尾部的呈高棘状的扁锥形。从颈部到荐部，剑板逐渐增高、增大、加厚，最大的一对长在荐部。这些剑板在沱江龙背面中线的两侧对称排列。剑板的数量比其他剑龙种类的都多，达15对，尾端还有两对尾刺。这比剑龙的骨板要尖利许多，能够在遇到敌人的时候很好地保护自己。

生活习性

沱江龙属于植食性恐龙，一般性情比较温和。它可能是在茂密的森林中生活的，在森林中既方便它觅食，又利于它藏匿自己。它的上下颌牙齿较小，呈叶片状，但数目较多，排列紧密。不过这些牙齿十分的纤弱，不能很好地咀嚼食物，所以它常常会咽下一些小石块做胃石来帮助消化。

↑沱江龙

135

迷惑龙
MIHUOLONG

迷 惑龙生活在侏罗纪的晚期，身长约26米，体重在24～32吨之间。毫无疑问，它们是陆地上存在过的最大动物之一。

🌴 最具迷惑性的"小骗子"

人们最先发现的关于迷惑龙的物品是一根巨大的恐龙胫骨。这根胫骨呈现人字形，很像是沧龙的所有物，但细微之处又有所不同；有人认为这是梁龙的，但显然这根胫骨比梁龙的更加粗壮；有的专家学者认为有着如此巨大胫骨的恐龙走起路来定会将地面踏得轰隆直响，所以它在很长一段时间里被人们称为雷龙。它的身份真是扑朔迷离，令人琢磨不透，所以人们最终将它命名为"迷惑龙"，希腊语的意思就是"骗人的蜥蜴"。

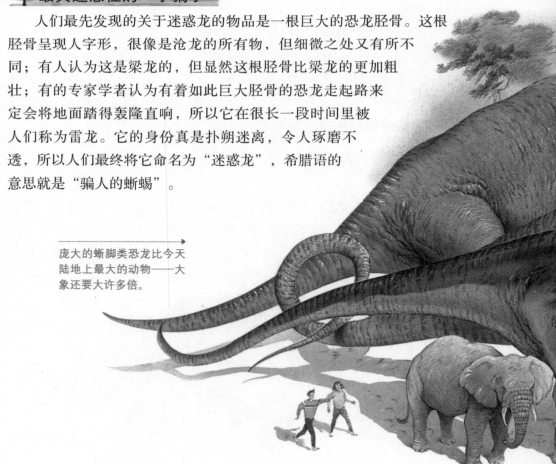

庞大的蜥脚类恐龙比今天陆地上最大的动物——大象还要大许多倍。

136

最夸张的吃相

　　迷惑龙有着山一般的伟岸身材，这么大的个子自然需要相当多的能量来供应了。因此它们每天做得最多的一件事情就是——吃东西。它们的吃相极其夸张，真可谓是狼吞虎咽，就跟怕食物被别人抢了去似的。由于它们的牙齿稀疏而扁平，并不能很好地嚼烂食物，它们干脆就直接吞下肚去。食物通过长长的食管滑入胃中，就像坐了一次过山车似的。一旦嘴和食道空闲下来，它们又会吞入新的食物将其填满，这吃东西的速度真是惊人啊！

小资料

名称：迷惑龙
身长：约26米
食性：植食性
生活时期：侏罗纪晚期
发现地点：美国

优椎龙
YOUZHUILONG

[优 椎龙也叫扭椎龙，是一种大型的食肉性恐龙。它们生活在距今约
有1.65亿年前的侏罗纪晚期。]

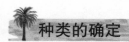
种类的确定

优椎龙的化石于19世纪50年代在英国牛津郡北部被发现，是一具保存相当完整的未成年优椎龙骨骼化石。一开始人们把它误认为是"斑龙"，直到1964年才被确定为是一种新型的恐龙，命名为优椎龙。

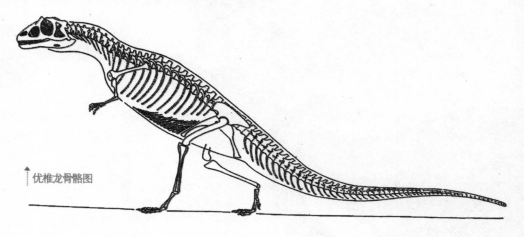
优椎龙骨骼图

外形

优椎龙的身体结构和斑龙类似，它们的头比较长，大嘴，长长的上下颌中满是锯齿状的牙齿，这些锋利的牙齿能够很轻易地把猎物撕碎。它们的前肢很短，后肢很粗壮，结实有力，不但能够支撑起身体的重量，还能够敏捷地追赶猎物。同大多数兽脚类恐龙一样，优椎龙的脚也是由三根趾头构成的，而且整体构造和

现代鸟类的脚类似。它们的三根趾骨长度
几乎相当，中间的那根从上往下逐
渐变细。

习性

　　优椎龙是欧洲最著名的大
型肉食性恐龙，它们善于奔
跑。爆发力强，能极速地奔跑

▲ 优椎龙

去追逐猎物。同时期的鲸龙、棱齿龙和剑龙等都是它们捕食的对象。另外优椎龙
也是一种食腐动物，即使是相邻的岛上的腐尸，也能吸引它把尾巴作为平衡舵，
从这个岛游到那个岛去饱餐一顿。

小资料

名称： 优椎龙
身长： 6～7米
食性： 肉食性
生活时期： 侏罗纪晚期
发现地点： 英国

始祖鸟
SHIZUNIAO

[**始**] 祖鸟生活在距今1.55亿~1.5亿年前的侏罗纪晚期。它们的大小和现今的中型鸟类相仿，身体两侧长有宽阔的末端呈圆形的翅膀，身后还拖着一个比身子还长的大尾巴。

一块化石闻名于世

在德国巴伐利亚州的索伦霍芬发现了一块始祖鸟的羽毛化石，透过这块石头，每根纤细的绒羽都清晰可见，羽毛的精美令人赞叹。那穿越亿年的美丽令始祖鸟瞬间闻名于世，而始祖鸟的"诞生地"索伦霍芬也成了生物学家心目中的"圣地"。

始祖鸟是鸟吗

始祖鸟长有羽毛、翅膀和叉骨，这些都是鸟类独有的特征。因此一段时间内，人们将始祖鸟归为最原始的鸟类。但通过对其羽毛的细致观察人们发现：每一条细小的"毛发"上面，还有许多复杂的结构，纵横交错，还有钩状物相连，这些特点只有鸟类恐龙才具备。通过之后发掘出来的其他始祖鸟化石又发现，始祖鸟长有齿间板、坐骨突、距骨升突及人字形的长尾巴。这些都与其他恐龙极为相似。因此，人们认为始祖鸟是恐龙。

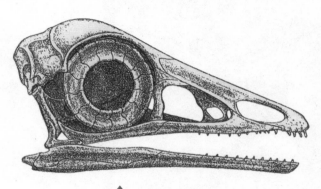
始祖鸟头骨化石

小资料

名称：始祖鸟
身长：约0.5米
食性：肉食性
生活时期：侏罗纪晚期
发现地点：德国

飞翔的奥秘

　　始祖鸟能像鸟类一样飞翔吗？这一直是生物学家们争论不休的问题之一。化石研究发现，始祖鸟并非是强壮的飞行者，最多也只能在遭受危险之时利用翅膀来短距离滑翔或从高处俯冲至更远的地方。它们的脚趾关节极度膨大，说明它们十分善于在地面奔跑。从而推断出：它们属于地栖动物。

翅膀中间的3个指爪可以在空中任意操纵羽毛；尾巴可以在空中掌握平衡。

◄ 这是一只麝雉。和始祖鸟、孔子鸟一样，它的翅膀上长有爪子。它是唯一在翅膀上长有爪子的现生鸟类。

141

小盾龙
XIAODUNLONG

[**小**] 盾龙是一种植食性恐龙。它们出现在侏罗纪早期，多生活在今天的北美洲地区。其化石发掘于美国亚利桑那州，属于棱背龙科。

外形

小盾龙的身体约有1.2米长，臀部的高度大约有0.5米，体重为10千克左右。它们的脑袋很小，身体很长，前肢比较短小，后肢要比前肢长很多，但是四肢都比较纤细，臀部比较宽，尾巴很长。小盾龙嘴里只有下颌，上面长着简单的颊齿，可以用来切断或是咬断植物。

鳞甲

小盾龙是一种身形较小的植食性恐龙，为了在弱肉强食的恐龙世界生存下去，它们有自己的秘密武器，那就是全身武装的鳞甲。小盾龙的身上覆盖着大约300个鳞甲，从颈部覆盖到尾巴，身体的两侧也有，其中覆盖在背上的两排鳞甲是

最大的。那些鳞甲其实是一排排的骨质突起，可以抵御天敌，起到很好的保护作用。

习性

小盾龙是一种比较小型的恐龙，平时习惯用两足行走或者奔跑，当它们跑动时，那格外长的尾巴就充分发挥了保持身体平衡的作用。它们喜欢吃柔嫩多汁的蕨类植物。人们通过研究发现，小盾龙的近亲是腿龙，它们身上有着很多相似的特征。

小资料

名称：小盾龙
身长：约1.2米
食性：植食性
生活时期：侏罗纪早期
发现地点：美国

五彩冠龙
WUCAIGUANLONG

[　"五彩冠龙"是已知最早的暴龙类恐龙之一。它们长有巨大的头部，长长的脖颈和一对翅膀似的前肢，前肢上布满了羽毛，看上去既像恐龙，又像鸟类。]

小资料

名称：五彩冠龙
身长：约3米
食性：肉食性
生活时期：侏罗纪晚期
发现地点：中国

名称的由来

一听到这个名字，大家可能认为这种恐龙头上一定长着五彩缤纷的头冠。嘻嘻，真聪明，但是你们只猜对了一半。五彩冠龙的头上的确长着一个中空的头冠，但不是五彩的，而是红色的，就像公鸡头上的鸡冠一样。之所以被称为"五彩"，是因为这种恐龙化石的发现地点五彩湾有许多色彩绚烂的岩石。

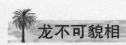

"华而不实"的精致头冠

很多恐龙都有头冠，但它们的头冠与五彩冠龙的相比就逊色得多了。五彩冠龙的头冠大而且夸张，造型奇特，是恐龙界最为精致的头冠，十分引人注目。尽管好看，但用途很小，头冠很脆弱，不能作为防身的武器，即使遇到了危险与敌人打斗起来，头冠也起不到任何保护作用。它们仅仅是用来炫耀地位或吸引伴侣的装饰品而已。

龙不可貌相

与其他恐龙相比，五彩冠龙显得有些弱小。它们只有约3米长，站立起来高度也不到1米。但别认为它们个头小就好欺负哟，它们发起怒来可是凶猛异常。尽管它们的头冠不够坚硬，但它们拥有强壮的后肢和锐利的牙齿，它们的奔跑速度惊人，冲击力极强，那尖锐的牙齿可以轻易地咬穿坚硬的兽皮，是一种非常凶猛的食肉恐龙。

永川龙
YONGCHUANLONG

[**永** 川龙生活在侏罗纪晚期，是一种大型的兽脚类肉食性恐龙。因其化石首先在四川永川县发现而得名。]

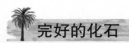

完好的化石

永川龙有丰富的化石材料保存，除70年代在重庆市永川区发现的较为完整的化石个体外，80年代又在被誉为"恐龙之乡"的自贡市发现了更为完整的骨架，其中包括精美的头骨化石。因此，永川龙不仅是中国，也是世界上化石保存得最好的肉食恐龙之一。

外形特征

永川龙作为一种大型的肉食性动物，它的体长约有10米，有一个大约1米长的、呈三角形的大脑袋。在脑袋的两侧有6对颞孔，其中有一对是眼孔，这说明永川龙的视力应该是很好的。其余的孔是附在头部的强大肌肉群，是用来帮助撕咬或者咀嚼食物的。它抬起头来的时候高度可达5米，

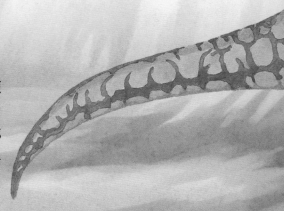

永川龙

前肢很灵活，指上长着又弯又尖的利爪，后肢又长又粗壮，不仅能迈开大步追捕猎物，而且还有以较快速度奔跑的能力。长长的尾巴在奔跑的时候可当平衡器来用。

　生活习性

永川龙的性格与现代的虎豹一样，很是冷僻，而且喜欢独来独往，是一种很凶悍的肉食性恐龙。它们通常猎捕那些性情温和的植食性恐龙作为自己的食物，所以很多动物对它们都保持着高度的警惕性。

小资料

名称：永川龙
身长：约10米
食性：肉食性
生活时期：侏罗纪晚期
发现地点：中国

蛮龙
MANLONG

蛮龙生活在距今1.44亿年前的侏罗纪晚期，与在这个时代的异特龙生活在同一区域。但是它的外表和暴龙更像，身形也要比著名的异特龙健壮许多，有着结实的骨骼，属于兽脚类肉食性恐龙。

冷血杀手

蛮龙的体形庞大，是侏罗纪时期最大的食肉恐龙。它们长着极具破坏力的牙齿和锋利的爪子，专门以捕杀各种植食性恐龙为食。蛮龙凶猛残忍，被称为侏罗纪晚期恐龙界的冷血杀手。

小资料

名称：蛮龙
身长：9～13米
食性：肉食性
生活时期：侏罗纪晚期
发现地点：美国

习性

　　虽然蛮龙体形庞大，但是并未影响它们的捕食速度，其腿骨相当粗壮，甚至拥有超过异特龙的速度，可以迅猛地扑倒猎物。

嘴口龙
ZUIKOULONG

在 侏罗纪晚期广大的海洋地区，生活着一群会飞的，并且只能靠嘴喙来捕食鱼类的恐龙，我们把它们叫作嘴口龙。

外形

嘴口龙飞起来的时候，展开的双翼幅度大约有1.75米，据此我们可以推测，它们的身形在众多恐龙中只能属于中等。

习性

因为嘴口龙是靠捕食鱼类为生，所以它也属于肉食性恐龙。

小资料

名称：嘴口龙
身长：不详
食性：肉食性
生活时期：侏罗纪晚期
发现地点：不详

天山龙
TIANSHANLONG

[**天**]山龙生活于侏罗纪晚期的中国，被称为"天山的蜥蜴"，属植食性蜥脚类恐龙。

外形

天山龙的头骨中等大小，四肢比较粗壮但前肢较短，肩胛骨很长，大约有17节颈椎，身体全长10多米。

恐龙知识小宝库

恐龙的尾巴有着很大的作用，特别是在攻击敌人的时候，尾巴绝对是一个很好的武器。如包头龙的尾巴末端有一团骨头，像个球棒；剑龙的尾巴末梢有长达1米的钉状尾刺；梁龙的尾巴可以当作鞭子。

小资料

名称：天山龙
身长：约10米
食性：植食性
生活时期：侏罗纪晚期
发现地点：中国

习性

天山龙性情温和，行动缓慢，只能靠甩动尾巴来防身，所以它们是一种反抗能力较弱的动物，经常老老实实地待在森林中。

铸镰龙
ZHULIANLONG

铸 镰龙生活在侏罗纪晚期，是人类发现的第一只植食性兽脚类恐龙，它们的化石是由一个猎人在美国犹他州东部的希达山上发现的。

外形

铸镰龙的体长大约有4米，与其他的植食性恐龙相比，算是很小巧了。研究发现，它们的牙齿能够撕碎松针，而且它的股骨要比胫骨长，说明了铸镰龙也很善于奔跑，速度也较快，适合它捕捉猎物。

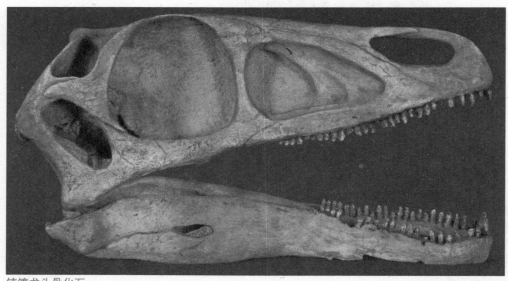

铸镰龙头骨化石

习性

铸镰龙平均长3.7~4米，高仅超过1.2米，加上它的长颈，它们可以吃到1.5米高的树叶或水果。像叶子的牙齿及10~13厘米长的爪显示它们是杂食性的。

化石研究

铸镰龙的化石是在约有2公顷犹他州的雪松山中被发现的，其中约有数百，甚至数千头标本，但只有小量被发掘出来。从铸镰龙的化石推测，铸镰龙有羽毛、圆胖的及有镰刀状的爪。从化石研究来看，铸镰龙还应该是肉食性恐龙——懒爪龙的祖先，这就说明了肉食性恐龙是由植食性恐龙慢慢进化来的。

小资料

名称：铸镰龙
身长：约4米
食性：杂食性
生活时期：侏罗纪晚期
发现地点：美国

单脊龙
DANJILONG

[**单** 脊龙生活在侏罗纪晚期，一般叫作江氏单脊龙。它们的化石是在中国新疆准噶尔盆地将军庙附近的地区发现的，所以也叫作将军庙单脊龙。]

单脊龙与人对比图

奇特的"头饰"

单脊龙的体长可达5米，高2米，属于个头中等的兽脚类恐龙。之所以称为"单脊"，是因为它们的头顶上有一个由鼻骨和泪骨在头骨中线处形成的脊突状的特殊"头饰"，使得它们的头比较大，大约有67厘米长。因为这个头饰，很容易把它们与其他的肉食类恐龙区别开来。

喜欢水的恐龙

古生物学家研究发现，在发现单脊龙化石的几个地方都曾经有水，推测单脊龙很喜欢泡在水里，可能生存在湖岸或海岸地区。

单脊龙头部化石

小资料

名称：单脊龙
身长：约5米
食性：肉食性
生活时期：侏罗纪晚期
发现地点：中国

欧罗巴龙
OULUOBALONG

[**欧** 罗巴龙，是一种原始大鼻龙类恐龙，属于蜥脚下目，是种四足植食性恐龙。它们生存于侏罗纪晚期的德国北部的下萨克森盆地。]

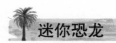
迷你恐龙

　　成年的欧罗巴龙身长最多只有6.2米，与著名的蜥脚类巨兽——身形长达27米的梁龙相比，它无疑是蜥脚类恐龙群里的侏儒，甚至可以把它称为"迷你恐龙"。欧罗巴龙的发现打破了人们对蜥脚类恐龙都是大型恐龙的传统认识。

身形缩小以适应环境

　　欧罗巴龙生活的地点在1.5亿年前是一片巨大海泛区，这里有无数的被分离的陆地、岛屿，这也让生活在这些陆地、岛屿上的动物被分离开来，过着老死不相往来的隔离生活。因为无法交流，隔离的小岛上没有足够的食物提供给身形巨大的动物，久而久之就导致了生存在这里的欧罗巴龙身形的"侏儒"化，以便与环境相适应，从而顽强地生存下来。

> **小资料**
>
> **名称：** 欧罗巴龙
> **身长：** 1.7～6.2米
> **食性：** 植食性
> **生活时期：** 侏罗纪晚期
> **发现地点：** 德国

157

轻巧龙
QINGQIAOLONG

[轻巧龙又名伊拉夫罗龙，意为"重量轻的蜥蜴"，是种肉食性恐龙，生活在侏罗纪晚期的东非坦桑尼亚沿海的平原树林里。]

恐龙中的"猎豹"

从轻巧龙的化石研究可以得出，它们的身长约6米，臀部高1.46米，重约210千克。个头比较小，而且身子长得又长又瘦，这样的体形让轻巧龙能够

小资料
名称：轻巧龙
身长：约6米
食性：肉食性
生活时期：侏罗纪晚期
发现地点：东非

轻巧龙骨架

快速地奔跑，可以在广大的平原追捕小型的猎物。
其奔跑的速度相当于是恐龙中的"猎豹"了，只是
与用四肢奔跑的猎豹不同，轻巧龙是靠两条后腿奔
跑的。

集体猎食的轻巧龙

叉龙
CHALONG

叉龙生活在距今1.5亿年前的侏罗纪晚期，其活动的区域大致是在今天的非洲地区，属于一种小型的蜥脚类恐龙。首个化石是由古生物学家沃纳·詹尼斯在坦桑尼亚的敦煌达古鲁组发现的，时间是在1914年。

叉龙化石

外形

叉龙的体长大约有12米，头部比较大，但是颈部较短，也较宽，而且也没有像梁龙那样的鞭状的长尾巴，这些特征和其他的蜥脚类恐龙存在着很大的差别。

小资料

名称：叉龙
身长：约12米
食性：植食性
生活时期：侏罗纪晚期
发现地点：坦桑尼亚

命名的缘由

叉龙的颈椎背侧的神经棘呈Y型，很像一把叉子，这也是它们名字命名的缘由。因为脊椎的神经棘是肌肉附着的支撑点，又有韧带来连接这些脊椎骨，所以就在叉龙的背部形成了一个很明显的隆脊。

异特龙
YITELONG

[异]特龙是一种凶猛可怕的食肉恐龙，生活在侏罗纪晚期，多出现在美国西部、非洲以及中国等国家和地区的沼泽地带。

外形特征

异特龙一般身长在10 ~ 12米之间，高度在5米左右，体重达1吨以上。异特龙的头部特别大，成年异特龙的头骨长达1米。它们的牙齿不仅锋利，而且还有倒钩。

异特龙粗壮的尾巴足以把猎物击昏。

大型掠食者

异特龙是一种非常凶残的恐龙，它们的身材虽然不是恐龙界最大的，但却具有粗大且适合猎杀的四肢和牙齿。它们的牙齿尖锐而且呈内钩状，非常适合撕咬食物，一张大嘴可以一口吞下一头小猪。除此以外，它们强健的后肢也使它们善于奔跑，具有很强大的冲击力，甚至可以袭击体形比它们更大的动物。它们会很有计划地安排袭击，先让几只异特龙冲上去撕咬毫无防备的猎物，当猎物失去反抗能力的时候就蜂拥而上……这样很多动物都没办法应付。

感官灵敏的恐龙

人们通过研究异特龙的化石发现，异特龙的大脑和感觉器官都较同时期出现的其他恐龙活跃，这表示它们较容易听到低频或细微的声音，嗅觉也比同类灵

敏，古生物学家们猜测它们可能是侏罗纪时期智商最
高的大型肉食性恐龙。

异特龙长有边缘
呈锯齿状的锋利
牙齿，这对它吃
肉很有帮助。

小资料

名称：异特龙
身长：10~12米
食性：肉食性
生活时期：侏罗纪晚期
发现地点：北美洲、非洲

角鼻龙
JIAOBILONG

角鼻龙的外形看起来很像现在的犀牛。它们的鼻子上方也长着一只和犀牛类似的短角，所以才有了这个名称。在它们的两眼前方，靠近头顶的部分也有类似短角的突起。远远看去就像头顶戴着帽子一样，所以它们又被称为角冠龙。

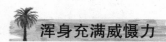 **浑身充满威慑力**

角鼻龙是一种很凶残的食肉恐龙，它们的个头很大、腰肢粗壮、力气惊人，脾气一来不管不顾，扭头便撞，那长在鼻子上方的尖利短角这时便成了它们的武器，发挥出无穷的威力。任何动物一旦被刺中，非死即伤。所以角鼻龙的大名在恐龙界声名远播，即使是食肉恐龙也都对它敬而远之。

鼻角的作用到底是什么

在1884年，马什提出角鼻龙的鼻角是种攻击、防御的武器。在1920年，查尔斯·惠特尼·吉尔摩也同意这个意见。但这个理论现在多不被采纳。大卫·诺曼认为这个鼻角不可能是用来攻击或防御，而是在物种内的打斗行为中派上一定的用场，例如求偶。葛瑞格利·保罗也认为这鼻角是用在同一物种之间的非致命打斗行为。在1990年，嘉克斯·高斯特则认为，角鼻龙的鼻角只有视觉展示功能。

妙用无穷的尾巴

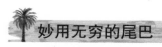

　　角鼻龙有一条扁扁的，十分灵活的尾巴。这尾巴的形状和现在鳄鱼的极为相似。上面生有小锯齿状的坚硬棘突。一遇到危险，角鼻龙就会使出全身的力气猛烈地甩动尾巴，那坚硬的棘突一旦击中敌人，就会使对方皮开肉绽，鲜血淋漓，使得敌人不敢近前。

角鼻龙是游泳高手吗

　　众所周知，鳄鱼是名副其实的游泳高手，而角鼻龙和鳄鱼一样长着灵活的长尾巴，它们是否能像鳄鱼那样在水中自如地游动呢？很多学者对此观点表示肯定和赞同。但通过对角鼻龙化石的研究，经过长期的分析与推测，生物学家认为角鼻龙是游泳高手这一说法是值得怀疑的，因为食肉恐龙大多喜欢干燥的地方，只有在逃避敌害的追捕时才偶尔进入河流中躲避，一般都只能做些简单的游动，所以说，角鼻龙还称不上游泳高手。

小资料

名称： 角鼻龙
身长： 4.5～6米
食性： 肉食性
生活时期： 侏罗纪晚期
发现地点： 美国

角鼻龙头上长有尖角，
争抢配偶的雄性角鼻龙会用
尖角互相顶撞。

嗜鸟龙
SHINIAOLONG

[**嗜**]鸟龙生活在侏罗纪晚期，是一种小型的肉食性恐龙，其化石发现的数量不多，到目前为止，人们只发现了一具完整的嗜鸟龙骨架。

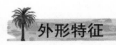
外形特征

　　嗜鸟龙的大小和一匹小型的矮脚马差不多，最大的嗜鸟龙也就和一个高大的成人身高相仿，但体重却十分轻，不超过一只中型狗的重量。嗜鸟龙从鼻子到尾尖长约2米，长长的尾巴在它迅速奔跑或者是在追赶猎物时能够保持平衡。嗜鸟龙的头颅很大，嘴里长满细细的尖牙，四肢纤细，前肢灵活，很适合抓紧猎物。

精明强悍的掠食者

　　因为嗜鸟龙的尾巴长期拖在地上，显得很迟钝，所以很长一段时间内，人们一直认为它们是一种反应迟钝的恐龙。但其实，嗜鸟龙是一个非常精明强悍的掠食者。它们的颈部呈S型，比较灵活，后肢坚韧有力，奔跑的速度很快，在奔跑的时候，它们的尾巴会与地面平行，以保持身体的平衡。它们的眼神很好，许多躲在岩缝中的蜥蜴、草丛中的小型哺乳动物和小恐龙都逃不出嗜鸟龙的魔掌。

名不副实的家伙

　　嗜鸟龙的意思为盗鸟的贼，但实际上，并没有证据证明它们真的靠捕食鸟类过活。换句话说，人们到目前为止还不能确定它们是否真的能捕捉到鸟类。成年的嗜鸟龙喜欢捕食小动物，有时还偷吃正在孵育中的其他恐龙幼崽。遇到其他恐龙攻击

的时候，它们多半会采取
逃跑的方式而不会迎敌。

名称：嗜鸟龙
身长：约2.5米
食性：肉食性
生活时期：侏罗纪晚期
发现地点：美国

嗜鸟龙与人对比图

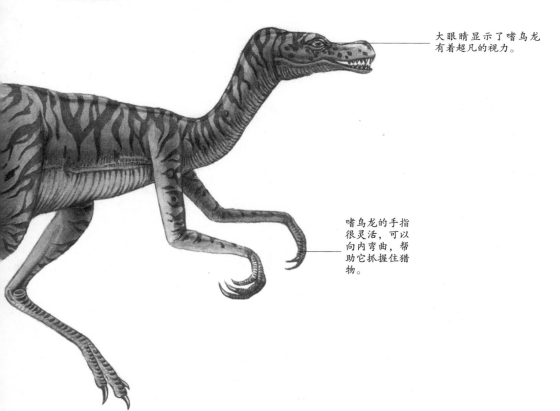

大眼睛显示了嗜鸟龙
有着超凡的视力。

嗜鸟龙的手指
很灵活，可以
向内弯曲，帮
助它抓握住猎
物。

美颌龙
MEIHELONG

美 颌龙也被称为细颚龙、细颈龙、新颚龙，是一种肉食性兽脚类恐龙，它们生活在侏罗纪晚期，活动范围一般在欧洲地区。

 ## 曾经最细小的恐龙

美颌龙具有像鸟类一样细长的身体、狭窄的头，成年的美颌龙站起来也只不过到人的膝盖处，它们双足行走，看起来与现在的鸡的大小差不多。很长的一段时间之内，它们是人类所发现的最细小的恐龙。直到后来人们在亚洲地区发现了体形更细小的恐龙，才打破了这一说法。

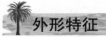 ## 外形特征

美颌龙的头部尖细，鼻端呈锥形。头颅骨上长有五对窝孔，其中最大的窝孔是其眼窝。这些窝孔之

这具在德国索侯芬发现的美颌龙骨骼化石几乎完整无缺。它的脖子被弯折到背上，长长的尾巴和下肢向左边伸展。

间有纤细的骨质支架。它们大大的眼睛长在头颅骨上方，颌部长着细小而锐利的牙齿，这些牙齿边缘弯曲，非常的尖锐，脖子很细，但是比较灵活，能够随意弯曲。美颌龙的前肢比后肢细小，后肢比前肢要长一些，踝部较高，有较长的尾巴，这显示它们的行动非常敏捷。

▲美颌龙

小岛上的猎食者

　　美颌龙多生活在温暖的沙漠或者是岛屿上，手掌上长有三指，指端都有着利爪，是抓捕猎物时的有力武器。它们的牙齿小而锋利，加之吻部也是长而尖，能够撕下小动物身上的肉，可以说是小型动物的致命武器。

小资料

名称：美颌龙
身长：约1米
食性：肉食性
生活时期：侏罗纪晚期
发现地点：德国、法国

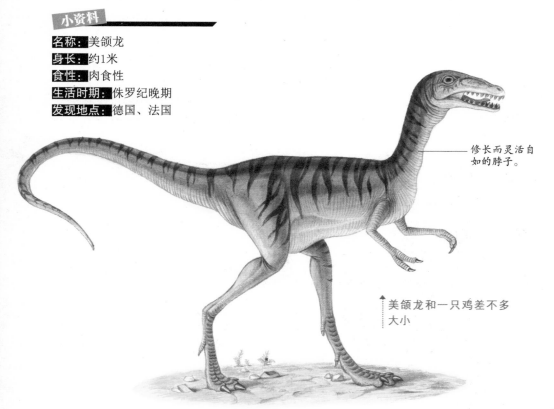

修长而灵活自如的脖子。

▲美颌龙和一只鸡差不多大小

弯龙
WANLONG

弯龙生活在侏罗纪晚期，是一种植食性的恐龙。它们与禽龙长相相似，前肢短，后肢长，可四足行走，身体笨重，行动迟缓，多分布在欧洲西部和美国西部。因为它们的大腿骨是弯曲的，因而得名。

可爱而独特的外貌

弯龙的脑袋小而多肉，形状就像马头。和头部相比，它们的身躯庞大而厚实，完全具备了"小脑袋大身子"这一特点，样子滑稽又可爱。它们的四肢前短后长，身后还拖着一条长长的尾巴，走起路来一晃一晃的，貌似很悠闲呢！

三十六计走为上

弯龙没有角鼻龙那尖锐而锋利的短角，也不像很多恐龙那样长有锋利的长爪子，它们身上什么防御武器都没有。所以一旦遇到危险，它们通常不会做任何反抗，只会以迅雷不及掩耳之势逃之夭夭，真是可爱至极。

最特别的"骨头"

弯龙的颌部关节很特别，活动自如，不仅可以上下移动，甚至还能前后移动。这种颌部很适合啃食和咀嚼食物。所以常常能见到弯龙自如地俯下身

弯龙与人对比图

子吃低处的青草或者直立起身体吃高处的食物。弯龙还有一块与众不同的骨头长在眼眶处，古生物学家称之为眼睑骨，人们普遍认为这块骨头定有特别的用处，但究其用途，至今还没有确切的定论。

小资料

名称：弯龙
身长：5~7米
食性：植食性
生活时期：侏罗纪晚期
发现地点：北美洲、英国

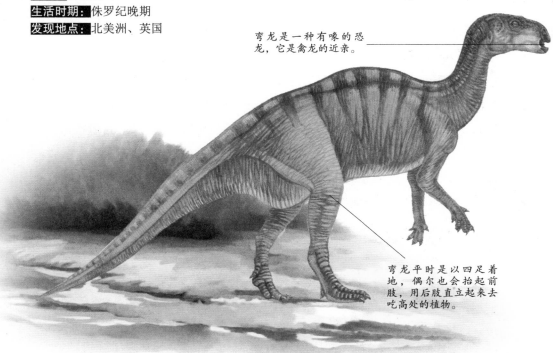

弯龙是一种有喙的恐龙，它是禽龙的近亲。

弯龙平时是以四足着地，偶尔也会抬起前肢，用后肢直立起来去吃高处的植物。

橡树龙
XIANGSHULONG

橡 树龙是一种鸟脚类恐龙，它们生活在侏罗纪晚期，多分布在北美洲地区。它们体形较小，名字的原意是"橡树蜥蜴"。

视力极佳

橡树龙的头部较小，相比之下它们的眼睛可就大得多了，眼睑骨托起了眼球和眼睛周围的皮肤，使它们的眼睛看起来又大又圆。眼睛大自然就视野开阔，因此橡树龙的视力极佳，这有利于它们快速地发现食物以及前来进犯的天敌，以便能够快速地做出反应。

叶子形状的颊齿

橡树龙的嘴有些像鸟的喙，里面没有牙齿，但是有颊齿。颊齿决定了它们只能吃柔软的食物，通常它们以植物，特别是蕨类植物为主要粮食，进食的时候，它们会把食物放在颊部。之所以称它们为橡树龙，就是因为它的颊齿形状很像橡树的叶子。

坚硬的长尾巴在奔跑的时候用来保持身体的平衡。

小个子快跑手

橡树龙前肢短小，掌上有五个指头，后肢长而强健。平常以双脚行走，当遭受到任何的危险时，它们都能以最快的速度逃离，而坚硬的长尾巴在奔跑的时候用来保持身体的平衡。所以，它们可是北美地区有名的小个子"快跑手"呢。

速度对于橡树龙来说是非常重要的。与现代瞪羚相似的薄壁空心的骨骼，使它的骨架坚固，而不会增加重量。

小资料

名称：橡树龙
身长：3.5～4.8米
食性：植食性
生活时期：侏罗纪晚期
发现地点：美国中西部、英国

古生物学家根据化石推测，橡树龙与多种大型蜥脚类恐龙生活在相同的时间和地点。

地震龙
DIZHENLONG

[地] 震龙生活在距今1.5亿年前的侏罗纪晚期，属于植食性恐龙。它们是恐龙王国中超大恐龙的代表。

令人惊叹的庞大身躯

地震龙是恐龙界名副其实的庞然大物，它们的庞大已经深入"龙"心，许多恐龙都对它们敬畏有加，甚至一些凶残的食肉恐龙都对它们避而远之。它们身体长35米左右，体重30多吨。每走一步，都能发出巨大的响声，就连大地都为之震颤，因此人们称其为地震龙。

滑稽的长相

别看地震龙的身躯庞大，四肢粗壮。它们的脑袋却非常的小，脖子又细又长，鼻孔长在头顶上。它们的头和嘴都很小，嘴的前部有扁平的圆形牙齿，后部没有牙齿。整个头部和强壮的身躯一对比，那长相别提多滑稽了，真是名副其实的小脑袋大身子啊！对了，那大身子之后还有一条细长的尾巴呢。

地震龙的尾巴像一条鞭子一样。

174

地震龙与人对比图

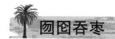
囫囵吞枣

　　地震龙头部很小，嘴就更小了。在那小小的嘴中，只有前部长有牙齿，后部就空空如也。也就是说，地震龙吃食物的时候，是先用前面的牙齿将植物的茎杆或嫩叶咬断，接着却没有牙齿负责将嘴中的植物嚼烂，因此它们只有将其囫囵吞入肚中。不过，它们的消化能力极强，因此不必担心它们会消化不良。

缓慢而优雅的步伐

　　地震龙的身躯如此沉重，当然不可能像其他轻巧的肉食恐龙那样急速奔跑，就连快步行走都无法做到。它们的最快速度只能是每小时8千米，走得真是极度缓慢了。

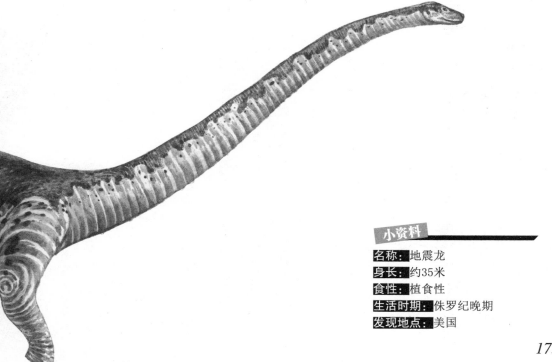

小资料

名称：地震龙
身长：约35米
食性：植食性
生活时期：侏罗纪晚期
发现地点：美国

恐龙百科
KONGLONG BAIKE

梁龙
LIANGLONG

梁 龙曾经是恐龙这个物种的代表，它们出现在侏罗纪晚期，大多生
活在北美洲西部。因为它们的尾部中段每节尾椎都长有双叉形的
人字骨，所以又被人们称为"双梁龙"。

小资料

名称：梁龙
身长：约27米
食性：植食性
生活时期：侏罗纪晚期
发现地点：美国

176

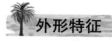

外形特征

它们长着长长的脖子和长长的尾巴，前肢短，后肢长，臀部高于前肩。相对于长脖子来说，它们的脑袋就小得多了，脸也较长，鼻孔长在眼眶的上方。跟不能随意弯曲的长脖子相比，它们的长尾巴就灵活多了，强有力的尾巴在面对敌人的时候还是重要的武器呢！

贪吃还是勤劳

每一个年幼的梁龙都有一个属于他们的共同的使命，每一天它们都在为这个使命而不断地努力着。但是大家千万别以为它们是十分勤劳的家伙哦，因为需要它们用一生的时间去完成的使命其实就是吃。刚刚出生的小梁龙只有几千克重，但是它们每年只有增重1吨才能达到生长标准呢，不然就属于发育不良者，在弱肉强食的动物世界里是很难存活下去的。这样算起来，梁龙每天都要增重2～3千克才行呢，不拼命地吃不行啊！

不断变化的"家"

梁龙的生活场所是不断变化的，成年梁龙的体形过于庞大，没有办法进入森林里去活动，只好将蛋产在森林边缘的开阔地上。小梁龙破壳后为了生存下去跑进大森林里，它们在大森林里依靠富足的食物和水源成长。随着体形的逐年增大，树木间的空隙无法再提供给它们足够的活动空间，它们不得不逐渐向森林边缘移动，直到找到年长的梁龙群为止。

隐龙
YINLONG

隐 龙意为"隐藏的龙",是角龙类的一种。它们是种小型、原始、二足的植食性恐龙,生活在侏罗纪晚期,是目前已知的最原始的角龙类恐龙。

化石发现

隐龙化石被发现于中国新疆的准噶尔地区,在这个地区被发现的还有冠龙,它们都是在同一个地层被发现的。被发现的隐龙化石标本非常完整,其头盖骨背面比较特殊,上下颌骨的表面比较粗糙,前肢相对较短,靠双足行走,这与小型的鸟脚类恐龙相同,证明了角龙类恐龙是由小型双足行走的恐龙进化而来的。

化石研究

古生物学家研究发现,隐龙的身上具有肿头龙类和角龙类两种恐龙的特征,而进一步的研究发现,它还具有异齿龙类的某些特征,这对研究肿头龙类和角龙类恐龙的进化有着重要的意义。

帮助消化的胃石

隐龙的腹腔曾发现7个胃石,胃石可以协助磨碎消化系统中的植物。

 小资料

名称:隐龙
身长:约1.2米
食性:植食性
生活时期:侏罗纪晚期
发现地点:中国

第四章

追寻白垩纪

　　白垩纪是中生代的最后一个纪，大约从1.42亿年到6550万年前。在这个时期，许多侏罗纪时期的恐龙都灭绝了，新的恐龙种群开始进化，并在数量和种类上都达到了繁盛。一起来认识它们吧！

白垩纪——恐龙极盛时代
BAI' E JI——KONGLONG JI SHENG SHIDAI

[白] 垩纪位于侏罗纪和古近纪之间，约1.42亿年至6550万年前。白垩纪是中生代的最后一个纪，长达8000万年。发生在白垩纪末的灭绝事件，是中生代与新生代的分界。

变化的气候

白垩纪时期的气候温暖，干湿季交替。热带海洋向北延伸，直到今天的伦敦和纽约，而温度从来不会降到零度以下。然而，就在白垩纪末期，气候发生了剧烈的转变，海平面下降，气温变化，火山喷发。

最早的花

　　侏罗纪和白垩纪之间最大的变化是出现了有花植物。到了白垩纪中期，它们已经遍布了整个世界，也演化出许多不同的种类。蜜蜂、蝴蝶等以有花植物为食的昆虫也首次在地球上出现。

这是一具驰龙骨架，它是一种小马大小、迅捷无比的肉食恐龙。"驰龙"的意思是"奔跑的蜥蜴"。

鸭嘴龙之所以是一类成功的植食恐龙，是因为它们长有几百颗臼齿。图中显示了位于鸭嘴龙颚部后端的牙齿。

迥异的恐龙

　　白垩纪晚期，地球上的恐龙种类比其他任何时代都要多。蜥脚类仍是最常见的植食性恐龙，而鸟脚类则分化出许多不同种类，兽脚类更是多种多样。

181

中华龙鸟
ZHONGHUALONGNIAO

[中 华龙鸟是一种肉食性兽脚类恐龙。它们生活在白垩纪早期。]

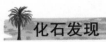
化石发现

中华龙鸟的化石是在1996年中国辽宁省发现的。发掘出来的化石保存完好，上面还覆盖着简单的羽毛。这是迄今为止所发现的年代最早也是最原始的带有化石羽毛痕迹的恐龙。

这是一块中华龙鸟的化石，可以清楚地看到覆盖全身的羽毛的外层轮廓。

外形

中华龙鸟的身上覆盖有羽毛，这些羽毛分布于头的后方、手臂、颈部、背部和尾巴的上下侧等地方。这些羽毛的颜色不同，除尾巴覆盖的是橙白两色相间的羽毛外，身体其余部分的羽毛均是黄褐色和橙色相间的。

中华龙鸟的体长1米左右，前肢粗短，差不多只有后肢长度的30%，指爪很大，指爪和第二指加起来的长度要比桡骨还要长，爪钩锐利，利于捕食；后腿较长，适宜奔跑，全身还披覆着一层原始绒毛。其牙齿内侧有明显的锯齿状构造，头部方骨还未愈合，有4个颈椎和13个脊椎。尾巴极长，几乎是躯干长度的两倍半，这条尾巴可以称得上是兽脚类恐龙中比例最长的尾巴了。

习性

　　中华龙鸟算是小型的恐龙了。虽然它们的四肢比例较短，但尖利的爪钩和善于奔跑的后腿还是能让它们很容易地捕食到蜥蜴等动物。

小资料

名称：中华龙鸟
身长：约1米
食性：肉食性
生活时期：白垩纪早期
发现地点：中国

雷利诺龙
LEIYINUOLONG

[雷]利诺龙生活在距今1.15亿年前的白垩纪早期，是种小型鸟脚下目恐龙，化石最早发现于澳大利亚的恐龙湾。它们生存在极度低温的地区，让许多科学家认为它们是种温血动物。

外形

雷利诺龙一般身长2米左右，身高60~90厘米，体重大约有10千克。它们的面孔比较短，嘴呈喙状，下颌骨有12颗牙齿，少于一般棱齿龙类的14颗，前肢短小纤细，但是指端长有5指，有点像现在人们的手掌，可以非常灵活地用来取食蕨类和其他的植物。它们的下肢发达，可以支撑整个身体的重量，大腿肌肉坚实有力，可以让它们快速奔跑，从而逃避一些肉食动物的追捕。

雷利诺龙成群出没，它们长有僵直的尾巴帮助它们保持两腿的平衡。

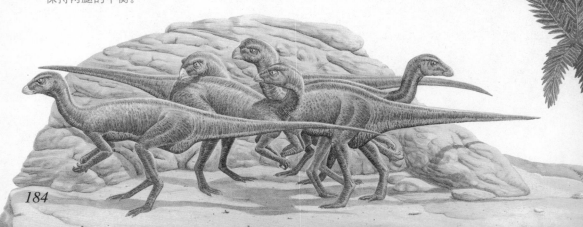

视力

　　人们通过对雷利诺龙的化石的研究发现，它们的头骨有一些有趣的特征：后脑处有突起，而且眼窝特别大。这意味着它们的视觉区域增大。因此古生物学家推测它们的视力很好，即使是在黑暗的环境中也能够长时间保持较好的视力。

习性

　　雷利诺龙是一种植食性恐龙，蕨类、苔藓、石松等都是它们常吃的食物。雷利诺龙采取群居的方式生活，集体活动有助于它们自我保护和猎食。

小资料

名称：雷利诺龙
身长：约2米
食性：植食性
生活时期：白垩纪早期
发现地点：澳大利亚

伤龙
SHANGLONG

[伤 龙是原始暴龙超科恐龙的一属，生活于白垩纪早期的北美洲东部。]

外形

　　根据目前的唯一部分身体骨骼，伤龙身长估计约有7.5米，臀部高度约为1.8米，重量约1.5吨。伤龙拥有相当长的手臂，与三根指爪，类似它们的近亲始暴龙。每个指爪都有长达8厘米的指爪。

小资料

名称：伤龙
身长：约7.5米
食性：肉食性
生活时期：白垩纪早期
发现地点：美国

食物来源

　　伤龙是种肉食性恐龙，但北美洲东部的白垩纪地层很少化石，使得伤龙的食性难以确定。鸭嘴龙与其近亲也在纽泽西州发现，它们可能是伤龙的食物来源。除了鸭嘴龙科以外，当地也发现了结节龙科，但因为其厚甲，所以不太可能是伤龙的食物来源。

始暴龙
SHIBAOLONG

[始] 暴龙是暴龙超科下的一属恐龙，这是一种生活在1.2亿～1.25亿年前的暴龙类，命名的意思是"早期暴龙"，是以它的特征来命名的。

外形

始暴龙的前上颌骨牙齿横切面呈D形及有锯齿，胫骨及蹠骨相对较长，都是暴龙超科的特征。它的原始特征则是较长的颈椎、完全发展的长前肢手臂，以及头颅骨顶部有冠饰等，这都是后期暴龙超科中没有的。而且，始暴龙在兽脚亚目中是比例上手掌最长的恐龙之一。

化石发现

由古生物学家加文郎在英国威特岛发现的，这种恐龙体长4.5～6米，体重2吨。它的化石遗骸包括了幼体及亚成体的头颅骨、脊骨及其他骨骼，都是在植物堆泥床中被发现。

食物来源

始暴龙可能会猎食棱齿龙及禽龙等植食性动物。

小资料

名称：始暴龙
身长：4.5~6米
食性：肉食性
生活时期：白垩纪早期
发现地点：英国威特岛

重爪龙
ZHONGZHAOLONG

[**重** 爪龙是一种外形奇特的肉食性兽脚类恐龙，生活在距今约1.25亿年前的白垩纪早期的英格兰地区，因为在拇指上长有像钩子一样锋利、长达35厘米的大爪子，所以把它叫作重爪龙。]

外形特征

重爪龙相貌古怪，身体较瘦小，头部又长又窄，却拥有比其他大型兽脚类恐龙更长、更直的颈部，肩膀也非常的有力，扁长。细窄的上下颌中长着呈锯齿状的96颗牙齿，其中，下颌有64颗牙齿，而上颌有32颗较大的牙齿。整个头形与现代鳄鱼的头形十分的相像。前肢强壮，有三根强有力的手指，特别是拇指，粗壮巨大，前端有一个超过30厘米长的利爪，一条尾巴细长而且坚挺，具有保持身体平衡的作用。

生活习性

重爪龙是肉食性恐龙，常在树木茂盛的平原和长满蕨类的沼泽地里活动。它们用后腿趟水，到河流或湖泊的浅水处将那能伸缩的长脖子前面的头猛然扎入水中逮鱼，抓住后叼到沼泽树丛中去慢慢享用。有时也抓捕其他小型动物为食或者是吃些腐肉。

这是一具位于重爪龙化石发掘地的重爪龙复原模型。古生物学家以骨架为基础为它添加了肌肉和皮肤。

恐龙百科
KONGLONG BAIKE

恐爪龙
KONGZHAOLONG

恐爪龙是一种凶猛的肉食恐龙，归属于兽脚类恐龙中的驰龙类，它们生活在距今1.5亿年到1.08亿年前的白垩纪早期，分布范围较广，整个北半球都有它们活动的踪迹。恐爪龙性情比较凶残，是恐龙中的恶霸。

外形

根据恐爪龙的最大型标本，恐爪龙的体长可达3.4米，头颅骨最大可达41厘米长，臀部高度为0.87米，而体重最高可达25千克。它的头颅骨有强壮的颌部，有约60根弯曲、刀刃形的牙齿。

"恐怖的爪子"

恐爪龙的名字是取其长有"恐怖的爪子"之意，因为它的后肢第二趾上有非常大、长约12厘米、呈镰刀状的趾爪。在行走时它们的第二趾可能会缩起，仅使用第三、第四趾行走。锋利的镰刀爪能很轻易地戳透猎物的皮肉，加之行动敏捷，性格凶残，使它成为白垩纪早期最活跃的掠食者，被称为恐龙家族中最凶猛的捕猎者之一，是恐龙中的"狼"。

肤色

恐爪龙皮肤的颜色可能是沙黄色，就像今天的狮子，可以与周围的沙土和黄色的植物相吻合。它们的皮肤上也可能有斑纹，就像今天的老虎，这样它们就能隐蔽在植被中，等待攻击猎物。

192

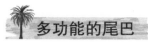
多功能的尾巴

恐爪龙的尾巴是由长的棒状的骨头，加上僵直骨化的筋腱组织组成，当恐爪龙快速奔跑时，这条尾巴既是推进器，又是平衡器。在向猎物发动进攻时，尾巴的作用也许更大。

人多力量大

尽管恐爪龙凶猛异常，所向无敌，但毕竟体形较小，势单力薄。因此它们通常是成群结队地生活在一起的，像今天的狮子和狼一样结群猎食。发现猎物后，恐爪龙常常采取偷袭的方式，从背后进攻，将对方刺倒在地后再群起而攻之，然后集体进行饱餐。

小资料

名称：恐爪龙
身长：约3米
食性：肉食性
生活时期：白垩纪早期
发现地点：美国

193

非洲猎龙
FEIZHOULIELONG

非洲猎龙生存在约1.3亿年前的白垩纪早期，属于肉食性兽脚类恐龙。著名的美国芝加哥大学化石专家保罗·塞利诺和他的同事们于1993年在非洲尼日尔的阿加德兹地层首次发现非洲猎龙的化石。

最完整的化石

从化石骨架标本上看，非洲猎龙与伤龙、三角洲跑龙有很多的相似之处。非

小资料

名称：非洲猎龙
身长：约9米
食性：肉食性
生活时期：白垩纪早期
发现地点：非洲

洲猎龙化石是非洲地区白垩纪早期保存最完整的恐龙化石，这对很少发现白垩纪早期兽脚类恐龙化石的非洲来说，意义显得格外的重大。

灵巧的身型

　　非洲猎龙体长9米，高3米，体重约有4吨。与其他的恐龙相比，它的身体较为轻盈，头骨是中空的，上面的眼孔很大，嘴里长着4排约微向后弯曲的尖牙。短小的前肢上长有锋利的爪子，非洲猎龙的后腿很长，而且非常健壮，估计习惯于用两足行走。

最危险的食肉动物

　　非洲猎龙嘴里的牙齿非常的锐利，能够很轻松地咬到猎物的皮肤。短小锋利的爪子使它们捕猎时能够紧紧地抓住猎物，以防猎物跑掉。非洲猎龙的两条后腿很长，奔跑起来的速度能够达到每小时35千米以上，动作很是迅速敏捷。非洲猎龙身上的这些特征，让它们成为那个时代最危险的食肉动物。

这是非洲猎龙，一种白垩纪早期的兽脚类恐龙。1993年，它由保罗·塞利诺在撒哈拉沙漠发现。

禽龙
QINLONG

[**禽**] 龙是鸟脚类恐龙的一种，生活在距今1.26亿年到1.25亿年前的白垩纪早期，是一种体形庞大的植食性恐龙。

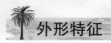 外形特征

禽龙外形庞大，身长在9~10米之间，身高3~4米，体重和一头大象的体重差不多，尾部粗壮。就其特征来说，禽龙最显著的特征就是它前肢拇指上长有大尖钉，非常的锋利，这可能是禽龙用来刺伤敌人、自我保护的武器。中间的三个指骨与掌构成手掌状，指爪扁平，呈马蹄状，其爪也很锐利，这样的手相当适用于抓握物体。

与众不同的牙

禽龙长着一个角质的喙嘴，但是嘴巴前上颌骨没有牙齿，100多颗强有力的臼齿全部长在颊囊里，上牙齿冠较窄，颊面和舌面都呈菱形，比下颌牙齿相对要长一些；齿冠颊面釉质加厚，有发育的边缘小齿，还有一条起主导作用的很大的初级棱，位于齿冠中线偏后；齿冠的其他部分除了几条长度不同的细小次级棱之外

均相对光滑。这些牙齿都有逐渐变尖的长长的齿根，所以禽龙只能是用嘴咬下叶子，再用颊齿来嚼。

生活习性

　　幼年的禽龙前肢比成年禽龙的要短一些，有时以四脚行走，有时以两脚站立。成年禽龙多四肢着地，以便支撑身体的重量，行动比较缓慢。它们喜欢群居，一般是以马尾草、蕨类和苏铁等植物为食，找到食物后，它们会细嚼慢咽，因此不用吞食小石子帮助消化。

小资料

名称：禽龙
身长：约10米
食性：植食性
生活时期：白垩纪早期
发现地点：欧洲、非洲、亚洲东部

棱齿龙
LENGCHILONG

棱齿龙生活在距今1.2亿年前的白垩纪早期的欧洲，是一种个子不大但是非常善于奔跑的植食性鸟脚类恐龙。

善于奔跑

棱齿龙身长2米左右，臀高1米，其重心位于身体后半部，靠两足行走，以长尾来保持平衡，体态与瞪羚非常的相似。棱齿龙的后肢不但修长，而且优美。胫骨瘦长，大腿粗大短小，小腿则比大腿长，长在腿骨上的肌肉特别发达，因此它们善于奔跑，是鸟脚类恐龙中速度最快的类群之一。

自卫的方法

棱齿龙的头部较小，但眼睛很大，而且眼部神经发达，目光敏锐，视力明显好于其他恐龙，视野开阔能让他们早早地发现逼近的食肉动物。虽然它们有着较高的警觉性，但是胆子却很小，通常都是集体活动。逃跑是棱齿龙自卫的唯一方法，它们能够像羚羊一样躲闪和迂回奔跑。

食性

棱齿龙的上颌牙齿上半部向内弯曲，下颌却与之相反。在牙齿的起角位置上面长有五六条棱，这些棱在牙齿表面形成了倾斜的磨蚀面，可以保护棱齿龙在进食时不会对牙齿造成太大的伤害。嘴喙狭窄锐利，便于凌齿龙咬食树木枝叶。它们习惯啃食低矮的植物，先将树叶储存在颊囊里，然后再用后面的牙齿慢慢咀嚼。

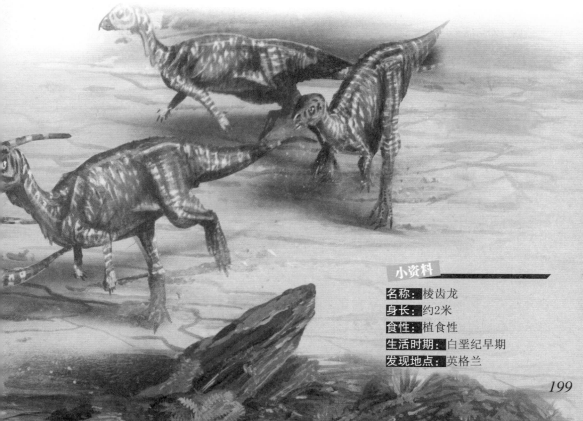

小资料

名称：棱齿龙
身长：约2米
食性：植食性
生活时期：白垩纪早期
发现地点：英格兰

199

木他龙
MUTALONG

木 他龙又被称为穆塔布拉龙，它们生活在白垩纪早期，是一种植食性鸟脚类恐龙。

不折不扣的"大胃王"

据推测，木他龙生活在澳洲。恐龙时期的澳洲十分寒冷，为了积蓄足够的能量来抵御严寒，木他龙每天都会进食大量的食物，这个数字十分惊人。一只体重4.5吨的木他龙每天能吃掉500千克的食物。为了满足其巨大的食量，它们不得不定期迁徙，一路走一路吃，所过之处植被统统进入腹中，真是不折不扣的"大胃王"啊！

白垩纪时期的极地恐龙在这里被发现。

新西兰的北岛上发现了蛇颈龙和毛伊龙。毛伊龙以鱼类和其他海洋生物为食，它的尖牙帮助它捕捉猎物。

最具特点的脚

木他龙是鸟脚类恐龙，顾名思义，它们的脚与鸟脚很相似，中间的三根脚趾融合在一起成蹄形，拇指和鸟类的爪子一样锋利而尖锐。这双独特而有力的脚能够支撑它们那庞大的身体不断前行，两只强壮的后脚甚至可以承载全身的重量而令其站立起来吃到高处的植物。

有磁性的声音

根据化石可看出，木他龙的头颅骨上有空位，这也就证明它们可以发出声音。但它们的声音并非像人类那样富有变化，而是相对低沉的。它们用这低沉的声音来表示愤怒、欢喜甚至是求偶时的炫耀，在恐龙看来，这种声音应该算是最具磁性的了吧！

温顺的大寄主

木他龙经常穿梭于植被或森林之中，它们那庞大的身躯成了很多寄生昆虫梦寐以求的家园。这个温顺的大寄主经常载着这些寄生的小生物走南闯北，走过一个又一个布满植被的地方，使得它们在这个恶劣的环境中继续生存下去。

小资料

名称：木他龙
身长：约10米
食性：植食性
生活时期：白垩纪早期
发现地点：澳大利亚

201

慢龙
MANLONG

[**慢**]龙生活在距今9300万年前的白垩纪早期，它们和其他类型恐龙最大的区别就是它们是一种只靠两足行走的植食性恐龙。

恐龙界的慢性子

听到名字就可以想象出慢龙那慢吞吞的样子了。它们的脚掌十分宽厚，但也很短，所以慢龙不能像有些恐龙那样快速奔跑着捕捉猎物。很多时候，它们都是懒洋洋地缓慢行走着，所以才有了这个名称。

众说纷纭的食性

对于慢龙的食性，至今也没有一个确切的论断。有的生物学家认为，慢龙那有力的前肢和长长的爪子特别适合挖开蚁巢取食，那擅长程度就像食蚁兽似的，所以它们应该是以蚂蚁为食。还有的人根据化石发现慢龙的脚上有蹼，这说明它们会游泳，所以它们可能以水生动物为食。另外一种观点认为慢龙嘴的边缘没有牙齿，两颊还长有颊囊，这说明它们可以很有效地嚼食叶子并将叶子切成碎

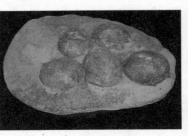
↑ 慢龙蛋巢

片，而且它们的腹部很大，可推断出肠子很长，这都说明它们更适合以植物为食。

多种恐龙的混合体

　　慢龙目前被归入兽脚类恐龙中的镰刀龙类，但根据化石，生物学家又发现慢龙的骨盆和鸟臀目恐龙的骨盆极为相似，在慢龙的身上，还能找到蜥脚类恐龙的很多特征。它们可真是集多种恐龙特征于一身的综合体啊！

小资料

名称：慢龙
身长：6～7米
食性：不详
生活时期：白垩纪早期
发现地点：蒙古

尾羽龙
WEIYULONG

[尾]羽龙生活在白垩纪的早期，其化石在中国辽宁的西部被发现的时候，上面有着许多羽毛，最初被误认为是一种鸟类的化石，直到经过仔细的研究才被确认为恐龙的一种。

外形

尾羽龙的身量很小，只有70~90厘米，身上长有羽毛，其外形与现代的火鸡很相似。尾羽龙长着短而且方的头颅骨，喙部也比较短，除了在嘴巴的前段长着几颗形态奇特，并且向前延伸的牙齿以外，基本上就没有其他的牙齿了，脖子和大多数的似鸟龙类恐龙一样长而灵活。它们的前肢上长有三根带有利甲的指头，尾巴较短，末端坚挺，尾椎数量少。

两种羽毛

尾羽龙的身上长有两种羽毛，一种是长在前肢和尾部的长羽毛，这些羽毛的长度为15到20厘米。另一种是覆盖全身的短绒羽。这些羽毛有调节体温和吸引配偶的作用。

生活习性

尾羽龙是一种杂食性兽脚类恐龙。虽然它们具备了鸟类

↑ 尾羽龙

的特征，但是它们并不会飞，是靠后肢行走的一种奔跑型的小型恐龙。它们基本上没什么牙齿，这就让它们很难把食物咬碎，所以就需要吞食一些小石头来帮忙磨碎和消化食物，这也从它们的胃里发现胃石得到了证实。

尾羽龙化石

小资料

名称：尾羽龙
身长：70~90厘米
食性：杂食性
生活时期：白垩纪早期
发现地点：中国

敏迷龙
MINMILONG

敏迷龙也被称为珉米龙，从发现的骨骼化石推测，它们应该是一种生活在白垩纪早期的植食性恐龙。

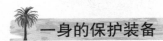 一身的保护装备

敏迷龙身体的各个部位几乎都被甲片覆盖着，它们的背上还长有许多像瘤子一样的鳞甲，这些鳞甲能够很好地保护它们的背部。围在它们脖子周围的骨甲要比背上的骨甲大许多。敏迷龙覆满全身的骨甲，不但保护了极容易受到攻击的脖子和背部，还保护着它们柔软的肚子及四肢。

食性

敏迷龙是植食性恐龙，从侧面看，敏迷龙的头部与乌龟的头有点像，从前面到后面逐渐变宽，前段有角状的喙状嘴。它们的牙齿呈叶状，适合啃食植物，鲜嫩多汁的蕨类植物是它们的最爱。

↑敏迷龙

消极躲避

敏迷龙与人对比图

敏迷龙虽然有全身的骨甲做保护，但是不会主动地攻击其他动物。被敌人攻击时，它们既不会立即反击，也不会快速地逃跑，而是选择全神戒备地找个地方躲起来，进行消极抵抗。虽然它们总是消极地躲避而不正面迎敌，但它们身上长有的坚甲还是让不少肉食性恐龙望而却步。看来，消极躲避有时候也会让敌人因摸不着头脑而害怕哟！

小资料

名称：敏迷龙
身长：约2米
食性：植食性
生活时期：白垩纪早期
发现地点：澳大利亚

豪勇龙
HAOYONGLONG

[**豪** 勇龙生活在白垩纪早期，主要分布在西非地区，它体长7米左右，主要以蕨类植物的枝叶为食。]

"体温调控器"

　　豪勇龙身上从背部、臀部一直延伸到尾部有一条长长的"帆"。可不要小瞧了它，它可是充当着豪勇龙的体温调控器的角色。

　　白垩纪时期，西非地区的昼夜温差大，而豪勇龙身上的"帆"就帮助它们随着周围温度的变化而自由调控体温，使得它们保持体温的稳定。白天时，烈日当头，又干又热，豪勇龙身上的"帆"会像散热器一样，让它们全身保持凉爽，同时"帆"还会像小太阳能板一样，吸取太阳的热量储藏在体内以备夜间驱寒；夜晚降临，气温骤降，白天摄取的能量此刻发挥了作用，像小棉袄一样给豪勇龙带来温暖，保持体温恒定。

豪勇龙

独特的行走方式

　　豪勇龙的行走方式与众不同，与今日的袋鼠一样，它们不仅可以用两条腿走路，还可以用四条腿行走。豪勇龙休息时，身体会向前倾斜，用四肢着地，用蹄形的爪子抓牢地面保持身体的平衡。强壮有力的后肢能支撑体重，让它们完全可以用两条腿走路。

防身秘籍

　　在恐龙的世界里，豪勇龙身材较小并且不够机灵敏捷，幸好豪勇龙的每只前肢上都有一个长钉，习惯称为拇指钉，这可是豪勇龙的防身秘籍，拇指钉像锐利的匕首，可以刺伤进攻者。

小资料

名称：豪勇龙
身长：约7米
食性：植食性
生活时期：白垩纪早期
发现地点：非洲

209

阿拉善龙
ALASHANLONG

[阿] 拉善龙是一种双足的植食性恐龙，它们生活在白垩纪早期的中国内蒙古。

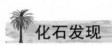

化石发现

阿拉善龙是由中加恐龙项目考察队在内蒙古阿拉善沙漠的阿乐斯台村附近发现的，因此以发现地的名字命名。这是迄今为止在亚洲发现的保存最完整的白垩纪早期兽脚类恐龙标本。

小资料

名称：阿拉善龙
身长：约4米
食性：植食性
生活时期：白垩纪早期
发现地点：中国

 **外形特征**

  阿拉善龙是一种类似慢龙的恐龙，具有奇特的头骨和腰带（即骨盆上三块骨头的排列方式既不像蜥臀类，也不像鸟臀类恐龙）。它们身长4米左右，站起来有1.5米高，重量估计为380千克，相当于一匹现代斑马的重量。它们的前肢有1米长，后肢长1.5米。它们与其他兽脚类的不同之处很多，例如牙齿数目超过40个，在齿骨联合部也有牙齿；肋骨与脊椎骨未愈合；韧带窝发育良好；肠骨的前后较长；爪较短。

 习性

  阿拉善龙身材瘦长，生活在植物繁茂的河谷，啃食银杏树和开花植物的叶子。它们用前爪将树枝拽到嘴里。不同于食肉的兽脚类恐龙弯曲的爪子，它们的长爪子太直了，不能当武器用。

阿马加龙
AMAJIALONG

[从]中生代侏罗纪到白垩纪，在南半球曾有一块超大陆"冈瓦纳"。在代表冈瓦纳的恐龙中，有一种在脖子后方有两列长棘刺的蜥脚类恐龙，这就是阿马加龙。

化石发现

阿马加龙是于1991年由阿根廷古生物学家利安纳度·萨尔加多及约瑟·波拿巴所命名的，因为它们的化石是在阿根廷内乌肯省的La Amarga峡谷被发现的。La Amarga亦是一个附近村庄及发现化石的地层的名字。

外形特征

阿马加龙的最大特征是名叫"神经棘"的两列棘刺，从头部及背部的背骨中长出。棘刺细而易损，并不宜用于防御。有一种说法认为，在各神经棘之间有皮膜的"帆"，"帆"中有血管通过，"帆"有可能对着太阳来加热血液，也可能对着风来释放热量。

化石研究

阿马加龙的化石是一套相对较完整的骨骼。这套骨骼包括了头颅骨的后部，及所有颈部、背部、臀部与部分尾巴的脊骨。肩带的右边、左前肢及后肢、左肠骨及盆骨的一根骨头亦被发现。阿马加龙骨骼最明显的特征是在颈部及背部脊骨上的一列高棘。这些棘在颈部最高，并且以一对对的形式排列。这个排列一直沿着背部，至臀部逐渐减少高度。

小资料

名称：阿马加龙
身长：约10米
食性：植食性
生活时期：白垩纪早期
发现地点：阿根廷

213

北票龙
BEIPIAOLONG

[**北**]票龙是一种长羽毛的恐龙，其化石在中国辽宁省近北票市的地方发现，故以此市名命名。又名意外北票龙，是因为：1.这种恐龙的特征十分奇特；2.这件标本的发现实属意外。

外形

北票龙约有2.2米长，臀部高0.88米，重量估计有85千克。北票龙的喙没有牙齿，但有颊齿。高等的镰刀龙超科有四趾，但北票龙的内趾较小，显示它们可能是从三趾的镰刀龙超科祖先演化而来的。相对其他镰刀龙超科，北票龙的头部较大，下颌的长度超过股骨的一半长度。

小资料

名称：北票龙
身长：约2.2米
食性：肉食性
生活时期：白垩纪早期
发现地点：中国

214

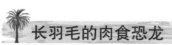
长羽毛的肉食恐龙

从模式标本的皮肤痕迹，显示北票龙的身体是由类似绒羽的羽毛所覆盖，就像中华龙鸟，但北票龙的羽毛较长，而且垂直于手臂。专家认为北票龙的绒羽，代表它们是介于中华龙鸟与较高等鸟类的中间物种。

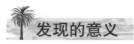
发现的意义

北票龙的发现表明，我们很可能需要改变包括霸王龙在内的很多恐龙在我们心目中的形象。它们不再是浑身披着鳞片的爬行动物，而是满身长着一种形态较为原始的羽毛，更接近于鸟类。

潮汐龙
CHAOXILONG

[在]白垩纪早期的埃及，靠近古地中海南岸的红树林里，生活着一种巨大的植食性恐龙，就是潮汐龙。

化石发现

埃及开罗西南290千米撒哈拉沙漠的巴哈利亚绿洲附近出土了一具恐龙化石，这个遗骸是一条尚未成年的恐龙留下的，但它的一块肱骨就有1.7米长，特别是脖子和尾巴更长，和中间的身子加起来，总长为27～30米。高度尚不确定，但已能算出它的体重为75～80吨。

习性

潮汐龙的头很小，腿也不够长，可以想象得出，行动是不灵便的，要捕捉动物来吃，只能守株待兔了。好在它们不吃肉，就吃植物，而它们住的地方，当时还不是沙漠，而是海滨。这里涨潮时是海，退潮时是陆，海水是咸的，一般陆生植物不能在这里生长，但红树却喜欢这种地方，加上那时气候炎热，树木长得很快，足供恐龙在此饱餐。因此，潮汐龙也是第一种被证实生活在红树林生态环境的恐龙。

名称：潮汐龙

身长：27～30米

食性：植食性

生活时期：白垩纪早期

发现地点：埃及

帝龙
DILONG

[**帝** 龙是一种小型、具有羽毛的暴龙超科恐龙，生活在白垩纪早期的中国东北地区。

命名缘由

　　古生物学家在中国辽宁省北票市陆家屯的义县层发现了距今1.39亿年到1.28亿年前白垩纪早期的霸王龙类骨骼化石，该新属新种命名为奇异帝龙，其属名"di-long"乃中国的汉语拼音"帝龙"，意为恐龙之帝王；种名意为"奇异"，因为以前的霸王龙类一般都相当巨大，不少超过10米，帝龙则体形小，只有约1.5米长。

小资料
名称：帝龙
身长：约1.6米
食性：肉食性
生活时期：白垩纪早期
发现地点：中国

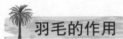
羽毛的作用

　　帝龙是最早、最原始的暴龙超科之一，且有着简易的原始羽毛。羽毛痕迹可在帝龙的下颌及尾巴看到。这些羽毛并不类似现今的鸟类羽毛，缺少了中央的羽轴，只能用作保暖而不能飞行。

发现意义

    首先证明了霸王龙类早期的祖先类型是小型的，其后慢慢演化为巨大的霸王龙。后来出现的霸王龙，随着体形的增大和长出鳞片，羽毛就逐渐消失了。其次，帝龙覆盖着羽毛的事实再一次证明了兽脚类恐龙和鸟类有着共同的祖先。

新猎龙
XINLIELONG

[新] 猎龙是兽脚亚目恐龙，生存于白垩纪早期的英国威特岛。

外形

新猎龙身长接近8米，并拥有修长的体形。自从化石发现于英国威特岛之后，它们就被认为是欧洲最著名的肉食性恐龙之一。

威特岛的霸主

新猎龙的长相与异特龙相似，是那个地区主要的捕食者之一。它们常常伏击禽龙、棱齿龙，甚至大型蜥脚类恐龙。它们拥有巨大的爪子和锋利的牙齿，这让它们成为威特岛上强大的掠食霸主。

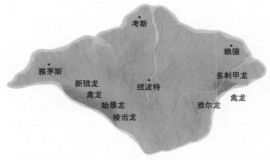

在这张威特岛地图上，东海岸和西海岸的红色地区表示埋藏着丰富的恐龙化石。一些在岛上发现的恐龙的名字也在地图上显示了出来。

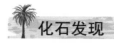

化石发现

　　新猎龙的化石是1978年在威特岛西南方的白垩悬崖发现的，目前所发现的新猎龙化石，可建构出它们骨骸的接近70%部分。

恐龙知识小宝库

威特岛
　　威特岛是一个位于英国南海岸附近的小岛。在恐龙存活的时候，它还是英格兰大陆的一部分，大约1万年前由于海平面上升才与之分离。在威特岛发现的恐龙比在欧洲其他任何地方发现的都多。

小资料

名称：新猎龙
身长：约8米
食性：肉食性
生活时期：白垩纪早期
发现地点：英国

恐龙百科
KONGLONG BAIKE

长帆龙
CHANGFANLONG

[长] 帆龙是一种植食性恐龙，属鸟臀目禽龙类，生活在白垩纪早期。它们行动敏捷，背上长着一排长帆，因此得名"长帆龙"。

可以调节气温的"帆"

　　长帆龙的头部比较扁平，而且较长，一般是靠双脚来行走的。在它们的背上长有一排长长的"帆"，里面分布着很多的血管。科学家猜测，它们的长帆可以用来调节体温，当气温变低，就会吸收太阳的热能来提高自己的体温，而一旦气温太热，它们就会把长帆当作挡板，遮住一边的身体不被太阳照射，起到降温的作用。

习性

　　长帆龙喜欢过群居的生活，身上没有任何特殊的防卫武器，但是，它们的行动非常快捷，常常能够快速地奔跑逃离袭击它们的肉食性恐龙。

小资料

名称：长帆龙
身长：约5米
食性：植食性
生活时期：白垩纪早期
发现地点：非洲

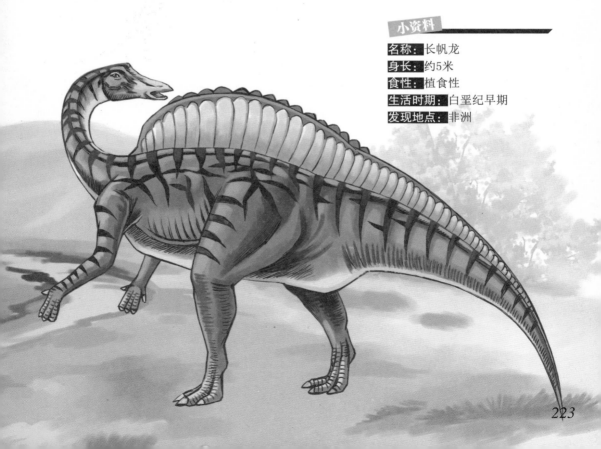

鹦鹉嘴龙
YINGWUZUILONG

鹦鹉鹉嘴龙是一种小型的植食性恐龙，因生有一张酷似鹦鹉的嘴而得名。

外形

鹦鹉嘴龙的头部比较短，因其长着一张类似鹦鹉的嘴，所以它们的喙部在形状和功能上与现代鹦鹉的喙很相似。它们的喙部是弯曲的，而且很厚很锐利，能够用力地咬噬食物。在鹦鹉嘴龙上下颌的两侧各长有7～9颗三叶状的颊齿，而且齿冠很低，和角质喙结合在一起帮鹦鹉嘴龙咬断和切碎植物的叶梗甚至是坚果。

鹦鹉嘴龙与人对比图

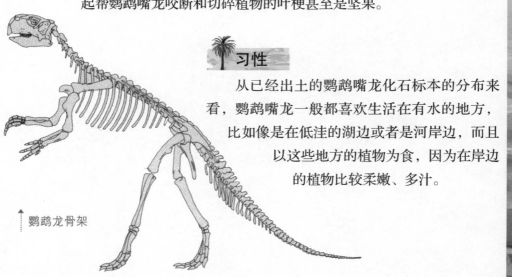

鹦鹉龙骨架

习性

从已经出土的鹦鹉嘴龙化石标本的分布来看，鹦鹉嘴龙一般都喜欢生活在有水的地方，比如像是在低洼的湖边或者是河岸边，而且以这些地方的植物为食，因为在岸边的植物比较柔嫩、多汁。

用胃石帮助消化

鹦鹉嘴龙拥有锐利的牙齿，可用来切割、切碎坚硬的植物。然而，不像晚期的角龙类，鹦鹉嘴龙并没有适合咀嚼或磨碎植物的牙齿，所以鹦鹉嘴龙会吞食胃石来协助磨碎消化系统中的食物。经常在鹦鹉嘴龙的腹部位置发现胃石，有时超过50颗，这些胃石可能储藏于砂囊中，如同现代鸟类。

鹦鹉嘴龙头骨

小资料

名称： 鹦鹉嘴龙
身长： 1～2米
食性： 植食性
生活时期： 白垩纪早期
发现地点： 蒙古、中国

225

蜥结龙
XIJIELONG

[**蜥**]结龙是甲龙类恐龙中较早出现的，也是其中最为原始的成员之一，生活在白垩纪早期，生活的区域应该是今天的北美洲地区，是一种性情比较温和的植食性恐龙。

 外形

蜥结龙的头颅呈三角形，至口鼻部逐渐变尖。头顶很厚，被平坦的骨质骨板所覆盖，因此它们的头顶显得很平坦。蜥结龙的身躯较为庞大，身长接近5米，靠像柱子一样粗壮的四肢来支撑重量。尾巴很细，末端也没有尾锤。据此推测，蜥结龙的奔跑速度不是很快，是一种不善于奔跑的恐龙。

小资料

名称：蜥结龙
身长：约5米
食性：植食性
生活时期：白垩纪早期
发现地点：北美洲

自带的装甲

蜥结龙从头颅到尾尖长有一列锯齿状的背脊，整个背部还有多排平行骨突，就像是套在身上的轻型装甲，为它们提供了很有力的保护。在遇到其他动物袭击时，它们就会蜷起身体，把骨甲朝外，像棱背龙一样形成一个刺球。

习性

和其他的甲龙类恐龙一样，蜥结龙也不具有攻击性，这种四足的植食性恐龙在进食的时候，习惯用嘴去啃食低处的植物。它们的上下颌拥有着叶状的牙齿，可以很轻松地切断植物。

切齿龙
QIECHILONG

[切]齿龙生存于白垩纪早期,是一种于2002年在中国发现的长相奇怪的恐龙,而且还是迄今为止发现的最原始的窃蛋龙类。

命名缘由

它们因为长有两颗怪异的大门牙而被命名为"切齿龙",含义为"长门牙的蜥蜴"。除此之外,它们还长着小型、枪尖型的颊齿,有着很大的咀嚼面,类似于人类的白齿。

独特的牙齿

切齿龙的牙齿很独特,在兽脚类恐龙中属首次发现。通过研究它们牙齿的特征,古生物学家推断它们的牙齿不像一般肉食恐龙的尖刃状牙齿一样适合切割肉类,而是更适合研磨食物,因此切齿龙应该属于植食性动物。

小资料

名称:切齿龙
身长:约1米
食性:植食性
生活时期:白垩纪早期
发现地点:中国

名称：阿贝力龙
身长：7～9米
食性：肉食性
生活时期：白垩纪晚期
发现地点：阿根廷

阿贝力龙
ABEILILONG

阿贝力龙是两足的肉食性恐龙，生活在白垩纪晚期现今的南美洲大陆。

名字的来历

阿贝力龙的命名是为了纪念发现该标本的罗伯特·阿贝力，他同时也是摆放该标本的阿根廷西波列蒂省立博物馆的前馆长。

化石研究

阿贝力龙的唯一化石是不完整的头颅骨标本，尤其在右边部分。大部分的颚骨也缺少。除了失却的部分外，头颅骨大约有85厘米长。虽然它们不像其他阿贝力龙科恐龙（如食肉牛龙）般有任何头冠或角，但却在鼻端及眼上有粗糙的隆起部分，可能支撑着由角质构成的冠，而没有在化石化过程中保存下来。阿贝力龙的头颅骨有一般恐龙有的大洞孔，用以减低头颅骨重量。

尼日尔龙
NIRIERLONG

[尼] 日尔龙是非常稀有的恐龙，它们生活在白垩纪中期，多分布在北非地区，属于蜥脚类恐龙。

外形

尼日尔龙身长9米左右，颚部很宽，使它们的整个头看起来像铲子一样。它们的脖子可以自由活动，但是没办法抬得很高，四肢结实有力，前肢略短于后肢；背上长着一些突起的脊，这些很小的脊里含有神经系统，可以感知外界环境。尼日尔龙的尾巴细长，尾端可以自由甩动。

尼日尔龙的嘴比其他任何已知恐龙的都要宽。它的颚部要比脸部宽得多。

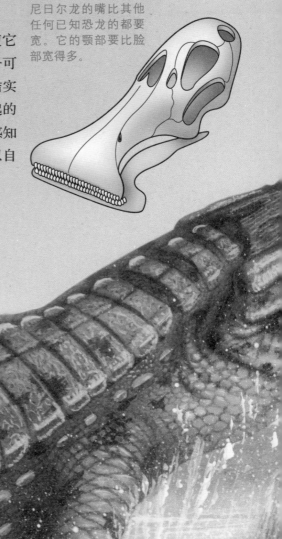

庞大的割草机

尼日尔龙的嘴部很特别，像吸尘器一样，其中生有大约600颗针形牙齿，构成50个牙齿群，排列在嘴部前段。每个牙齿的后方有9个替换用牙齿，当一个牙齿磨损时，后方的牙齿就替补上来。尼日尔龙的牙齿汰换率大约是每月一颗，是牙齿汰换率最高的动物。因此当它们在进食的时候，远远看上去就像是在草面上挥摆脖颈，用牙齿修剪草皮一样，这种进食方式使其看起来简直就是一台庞大的割草机。

习性

尼日尔龙以植被为食，因为它们的头部朝下，颈部不能抬得很高，所以它们多以低高度的植被为食，蕨类、矮小树丛、草类都是它们常吃的食物。

小资料

名称：尼日尔龙
身长：约9米
食性：植食性
生活时期：白垩纪中期
发现地点：非洲

231

阿根廷龙
AGENTINGLONG

[**阿**]根廷龙生活在距今约1亿年前的白垩纪的中期，其活动的范围在今天的南美洲地区。它们属于蜥脚类恐龙，是一种大型的植食性恐龙。

最大的陆地动物

据挖掘出的化石推测，阿根廷龙体长应该在30米以上，体重至少90吨，这种巨大的身躯无龙能敌。无论走到哪里，它们绝对都是众龙瞩目的焦点。迄今为止，它们是人类发现的曾在地球上生活过的体形最为巨大的陆地动物。

小资料

名称：阿根廷龙
身长：约35米
食性：植食性
生活时期：白垩纪中期
发现地点：阿根廷

阿根廷龙无敌吗

　　很长一段时间内，人们都认为凭借如此巨大的身躯，阿根廷龙一定能够吓退那些虎视眈眈、垂涎欲滴的捕食者。尽管它们是植食恐龙，但也应该是没有天敌的。直到1955年，一具巨大的肉食恐龙骨架——南方巨兽龙化石的出土才打破了这一定论。当时的南方巨兽龙嘴中正咬着阿根廷龙的颈骨。虽然南方巨兽龙在阿根廷龙面前显得略小，但如果采用群体围攻的方式应该也是可以得手的。

阿根廷龙的椎骨有1.5米高，1.1米宽。

个子高缘于营养好

　　小朋友们都知道，想要身体好，就不能挑食，只要营养丰富，就能长得又高又强壮，恐龙也是如此。阿根廷龙之所以能够如此庞大、如此强壮，和当时的环境是密不可分的。在白垩纪的中期，有很长一段时间气候十分稳定，天气温暖，很适合植物生长。阿根廷龙的食物取之不尽，因此它们才能长得如此庞大。

阿尔伯脱龙
A'ERBOTUOLONG

阿尔伯脱龙也叫作艾伯塔龙，是暴龙科艾伯塔龙亚科下的一属恐龙，它们生活在白垩纪晚期，活动范围在今天的北美洲西部地区。

 外形

阿尔伯脱龙一般身长9米左右，身高大约3米，体重4吨左右。它们的头很大，脖子很短，呈S形，成年恐龙颈部约为1米长。它们的头颅骨具有孔洞，这样不仅减轻了头部的重量，而且提供了肌肉连接和感觉器的位置。它们的嘴里长有60多颗的牙齿，前肢上长有两指，后肢强壮有力，用双足着地的方式行走；尾巴较长，具有平衡头部和身体的作用。

习性

阿尔伯脱龙是一种早期的霸王龙类，出现的时间比我们熟悉的霸王龙早八百万年。它们是食肉恐龙，由此可知，它们当然是处在生态食物链的顶部了。它们的前肢虽然相对于身形来说显得细小，但是长有的两趾却很锋利，可以抓捕猎物。发达的后肢上面还长有四趾，其中大趾很短，只是其他三趾着地，而中间的脚趾较其他长，可以有力地抓附着地面，这样的特性让它们善于奔跑。

群体活动

　　古生物学家通过对阿尔伯脱龙的化石研究发现，它们是群体活动的，这在较大体形的肉食性恐龙中是不多见的。

阿尔伯脱龙生有特别巨大的头骨，比其他暴龙的头骨更深更宽。

235

暴龙
BAOLONG

[**暴** 龙也叫霸王龙，是一种世界著名的肉食恐龙，曾在白垩纪时期称霸一时，一直生存到6500万年前，多分布在北美地区。]

外形特征

暴龙体形庞大，站起来身高超过两层楼的高度，头颅窄而长，头骨可达1.5米，眼睛较小，下颚硕大，两颊肌肉十分发达。颈部短粗，身躯结实，前肢已经退化，既小又无力，短得连自己的嘴巴都触及不到，几乎没有什么实际用处了。后肢强健粗壮有力，长有结实的肌肉来支撑它那庞大的身躯。脚掌有三趾，趾端有爪，爪和牙齿都是非常有用的搏斗武器。尾巴不算太长，可以向后挺直，起到平衡作用。

可怕的猎食者

暴龙是个天生的猎食者，它们的下颌不仅粗壮，而且关节面很靠后，嘴可以张开得很大，裂开时用"血盆大口"来形容一点也不为过。它们的嘴里长着短剑般的牙齿，参差不齐，每个牙齿约有18厘米长，稍稍弯曲，边缘有锯齿。这样的颌骨和牙齿结构，有利于撕裂和咀嚼，使它们成为可怕的猎食者。

生活习性

　　暴龙仅依靠两条腿走路，一般独自或者成双成对地猎食。它们会追踪猎物，主要目标是幼崽及老弱病残者，如果哪一天运气好遇到一头死去的动物，它们就可以享受一吨免费大餐了。有些科学家认为暴龙可以张大嘴巴追捕猎物，以便给猎物沉重一击。暴龙每只胳膊的前端长着两个手指，手指上的利爪像人的手指一样长。没人知道霸王龙为什么前肢那么短小，甚至够不到嘴巴，科学家认为，也许它们在休息够了以后用前肢支撑，起身离开地面。

暴龙可能生活在森林中，并成群捕猎。

小资料

名称：暴龙
身长：约13米
食性：肉食性
生活时期：白垩纪晚期
发现地点：美国、加拿大

237

恐龙百科
KONGLONG BAIKE

棘背龙
JIBEILONG

棘背龙是非洲特有的恐龙，它们出现在白垩纪晚期，是一种长相怪异的肉食恐龙。

怪异的长相

棘背龙体形巨大，体长18米左右，臀高约有6米，重量约有18吨。它们长相怪异，除了背上的鳍状凸起，还生就一副吓人的"嘴脸"，密密麻麻的牙齿呈圆锥状，与鳄鱼类似。棘背龙长有一个大大的头，说明它们的智商应该比较高。它们的前臂比后腿要短一些，能够用四条腿走路，但是奔跑起来的时候只用两条腿跑。

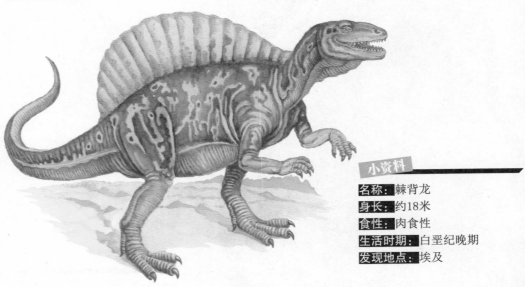

小资料

名称：棘背龙
身长：约18米
食性：肉食性
生活时期：白垩纪晚期
发现地点：埃及

背上的"帆"

棘背龙的背上长有许多突起的骨头，上面覆盖着很厚的表皮，看起来就像是小船上扬着的帆一样。这张帆由一连串长长的脊柱支撑，每根脊柱都是从脊骨上直挺挺地长出来，但是这张帆是不能被折叠或者收拢的。这是棘背龙区别于其他恐龙最大的特征。有人认为雄性棘背龙在争取配偶时会炫耀自己的帆，谁的帆最大谁就可以争取到配偶；还有种说法是这个帆状物具有调节体温的作用。

半水生动物

　　棘背龙是一种半水生的肉食动物，因此它们会猎食鱼类，这一特性在食肉恐龙中是十分罕见的。它们经常在水中活动，因此在一定程度上减少了它们与其他恐龙在争夺地盘与食物方面的竞争。

和其他大型肉食性恐龙不同，棘背龙的前肢也非常健壮，尖利的前爪可以轻易撕开猎物的皮肉。

食肉牛龙
SHIROUNIULONG

食肉牛龙又名牛龙，是一种中型的兽脚类恐龙。它们生活在白垩纪晚期，多出现在南美洲地区。

外形特征

食肉牛龙与其他的兽脚类恐龙相比，它的头部要厚实、短小，小小的眼睛面向前方，最明显的是在眼睛的上方长有一对奇怪的锥形骨质凸起，长角的位置恰好是现在公牛长角的位置，这在它所属的恐龙群里是非常罕见的。其脊椎骨上长有翼状的突起，背部两侧长有几排特大的鳞片，像鼓起的包，前肢非常短小，甚至够不到嘴，但后肢却长而健壮。

食肉牛龙

令人不解的角

食肉牛龙有个让人不解的特征，就是它的一对眉骨"角"。古生物学家们也做出了很多的猜测，他们中的大多数认为，这个尖角既不够长也不够坚硬，应该不是用来做武器抵御敌人的。再说食肉牛龙这种恐龙已经够强大了，因此，这对角很可能是用来作为其成年的标志，是随着发育成熟而长出的，标志着食肉牛龙已经成年，具有生育能力了。

生活习性

食肉牛龙是一种肉食性恐龙，虽然它们的牙齿和上下颌不是特别硬，但是却长有致命的利齿，可以用来撕咬猎物。虽然它们身躯庞大，但是因为后肢格外发达，这就使得食肉牛龙比其他的大型肉食性恐龙行动要灵活敏捷多了，常常能够在猎物还没有来得及反应的时候就迅速地扑过去，把猎物抓获。

食肉牛龙与人对比图

小资料

名称： 食肉牛龙
身长： 约7米
食性： 肉食性
生活时期： 白垩纪晚期
发现地点： 阿根廷

伶盗龙
LINGDAOLONG

[伶] 盗龙又译迅猛龙、速龙，属名在拉丁文意为"敏捷的盗贼"，是蜥臀目兽脚亚目驰龙科恐龙的一属，大约生活于8300万至7000万年前的白垩纪晚期。

外形

伶盗龙是一种中型驰龙类，成年个体身长约2.07米，臀部高约0.5米，体重推测约15千克。与其他驰龙类相比，伶盗龙具有相当长的头颅骨，长达25厘米；口鼻部向上翘起，使得上侧有凹面，下侧有凸面。它们的嘴部有26到28颗牙齿，牙齿间隔宽，牙齿后侧有明显锯齿边缘，这特征证明它们可能是活跃的捕食动物，可以捕食行动迅速的猎物。它们的大脑较大，脑重/体重比在恐龙中相当大，显示它们是一种非常聪明的恐龙。

这是出现在电影《侏罗纪公园》里的伶盗龙，电影虚构了由原始恐龙的DNA克隆它们的事。

伶盗龙头骨骨架

这张伶盗龙足部的示意图告诉我们它的第二趾爪可以翻转180°。

灵活的"手"

伶盗龙具有大型手部，在结构与灵活性上类似现代鸟类的翅膀骨头。手部有三根锋利且大幅弯曲的指爪，第二指爪是当中最长的一根，而第一根指爪是最短的。伶盗龙的腕部骨头结构可以作出往内转、以及向内抓握的动作，而非向下抓握，非常灵巧。

出色的奔跑者

伶盗龙尾椎上侧的前关节突，以及骨化的肌腱，使它们的尾巴坚挺。前关节突开始于第10节尾椎，往前突出，支撑前面4到10根其他的脊椎，数量依所在位置而定。这些结构使得伶盗龙的整个尾巴在垂直方向几乎不能弯曲。但一个伶盗龙标本保存了完整的尾巴骨头，这些骨头以S状水平弯曲，显示尾巴在水平方向有良好的运动灵活性。这样的尾巴可以帮助伶盗龙在高速奔跑时保持平衡和灵活转向，也说明了伶盗龙是出色的奔跑者。

化石发现

伶盗龙可能在某种程度上是温血动物，因为它们猎食时必须消耗大量的能量。伶盗龙的身体覆盖着羽毛，而在现代的动物中，具有羽毛或毛皮的动物通常是温血动物。它们身上的羽毛或毛皮可以用来隔离热量。

小资料

名称：伶盗龙
身长：约2.07米
食性：肉食性
生活时期：白垩纪晚期
发现地点：蒙古、北美洲

南方巨兽龙
NANFANGJUSHOULONG

南方巨兽龙又名南巨龙、巨兽龙、巨型南美龙，是鲨齿龙科下的一属恐龙，生活在白垩纪晚期，1994年在阿根廷发现了第一具南方巨兽龙的化石。它们是最巨大的陆地肉食性恐龙之一，比暴龙还要长，但体重轻一些。

防身的武器

南方巨兽龙虽然在体形上并不是恐龙群里最大的，但还是能令许多恐龙产生恐惧。这秘密武器就是它的牙齿。南方巨兽龙的体形要比暴龙的大上很多，但是和暴龙又粗又大的牙齿相比，它的牙齿要小得多，也要薄得多。每颗牙齿虽然只有8厘米长但却很锋利，像锐利的餐刀一样，很善于切割猎物。南方巨兽龙在捕食时，一般只要在猎物身上狠狠地咬上一口，产生的伤口就足以至猎物死亡。这锋利的牙齿成了它猎食和防身的武器。

惊人的速度

南方巨兽龙习惯用两足行走，所以它的后肢粗壮有力，前肢很短，每个前掌上长有三根趾头，而又细又长的尾巴能在快速奔跑中起到平衡和快速转向的作用。科学家把脊椎动物的生物力学和古生物学结合起来，通过对比汽车的行驶速度与南方巨兽龙的股骨强度进行相关的实验，证实它的最大时速可达每小时60千米。

↑ 南方巨兽龙头骨

南方巨兽龙的灭亡

　　南方巨兽龙于9200万年前左右走向了灭绝，在同一时刻灭绝的还有南方巨兽龙的近亲鲨齿龙、马普龙和有史以来最大的肉食恐龙棘背龙。鲨齿龙科也在9300万年至8900万年前期间走向了衰败并最终走向了灭亡。它们在冈瓦纳大陆被较小型的阿贝力龙取代，在北美洲与亚洲被暴龙所取代。

小资料

名称： 南方巨兽龙
身长： 约13米
食性： 肉食性
生活时期： 白垩纪晚期
发现地点： 阿根廷

肿头龙
ZHONGTOULONG

[肿]头龙的头盖骨又高又厚，远远看去，就像是头上肿起了一个大大的包一样，所以被人们称为"肿头龙"，又称"厚头龙"。

🌴 温顺的素食动物

肿头龙的牙齿很小，算不上锋利但也很尖锐。它们无法咬动或撕碎动物的肉，甚至连那些纤维丰富稍稍坚韧点的植物也无法嚼烂，所以它们最喜欢柔软而又新鲜的植物和果实。所以你无论何时也无法看到肿头龙攻击其他动物或残忍地撕咬其他动物的血淋淋的场面。它们也可算是恐龙界中最温顺的一类了。

图为两只巨型肿头龙在争斗。它们可能是最大的肿头龙，体长达8米。

最特别的武器

肿头龙头上的肿包令其相貌奇特又滑稽，但可别小看这又厚又重的肿包，这是它们搏斗时最有力的武器。这一肿包其实是高高凸起的头盖骨，它们坚硬无比，这种硬度在古今动物中无谁能敌。肿头龙喜欢过群居生活，有时为了表示友好，还会将大肿头互相轻撞，这可能是这一"武器"的又一个特别的作用吧！

面目狰狞的"丑小子"

肿头龙不仅脑袋十分奇特，就连样貌也极为特殊，可以说让人看一眼就无法忘怀。它们的脸部和嘴的四周都长满了角质或骨质凸起的棘状物或肿瘤，就像放大了的癞蛤蟆的皮肤那样。这使得肿头龙的面目异常的恐怖，看起来真是狰狞而又丑陋啊。

小资料

名称：肿头龙
身长：约4米
食性：植食性
生活时期：白垩纪晚期
发现地点：美国

镰刀龙
LIANDAOLONG

镰刀龙是以它那长长的像镰刀一样的大爪子而闻名于世的。那大大的"镰刀"有75厘米长，几乎要赶上成年人的手臂长度了。如果用它来割草估计一定很好用吧！

恐龙世界中的"四不像"

镰刀龙的前肢不仅长着与众不同的弯曲尖锐的大爪子，还长有类似于植食性动物的头，像大象一样臃肿而肥大的肚子，和慢龙有些类似的又短又宽的脚掌，集齐了如此多不同的特征，真可谓是恐龙世界中的"四不像"了。

我很暴躁，别惹我

看到它们的巨爪就能够猜出，这是它们打斗时最有力的武器。每当遇到敌人时，它们就会立即站立起来并伸开双臂，向敌人展示它们那尖利的巨爪，以起到威胁和恐吓的作用。它们的性情非常暴烈，稍有不合就会大打出手，尤其是在争夺雌性镰刀龙时，攻击性更强，奔跑速度也更快，是一种很危险的恐龙。

与众不同的行走方式

镰刀龙的前肢与后肢长度相近，所以，一部分生物学家认为它们的行走方式应该是四脚着地，像大猩猩那样。但是也有学者认为它们的前肢结构较软，似乎不容易支撑起那沉重的身体，况且那镰刀一样长而尖的爪子走起路来也比较碍事。

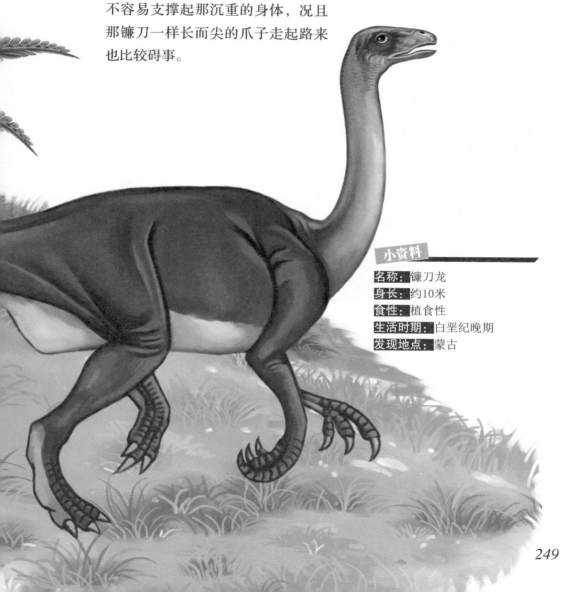

小资料

名称：镰刀龙
身长：约10米
食性：植食性
生活时期：白垩纪晚期
发现地点：蒙古

窃蛋龙
QIEDANLONG

[窃]蛋龙是一类和鸟类最为相似的龙，它们身长约2米，长有尖尖的爪子和长长的尾巴。

恶名的由来

1923年，俄罗斯的古生物学家安德鲁斯在蒙古戈壁上发现了一具恐龙骨架，而在这具骨架的不远处有一窝原角龙的蛋，这具骨架正贪婪地望着这些蛋，似乎已经忍不住要下口了。人们根据这一发现，就给它们起了个很不文雅的名字：窃蛋龙。但实际上窃蛋龙并非是小偷，经科学家的研究，发现窃蛋龙不仅不偷蛋，反而还会义务为其他恐龙孵蛋呢。

小资料

名称：窃蛋龙
身长：约2米
食性：肉食性
生活时期：白垩纪晚期
发现地点：中国、蒙古

小巧的"火鸡"

窃蛋龙的体形很小，它们身上最与众不同的地方就是头部。它们的头部很短，但在这小小的头上却长着一个高高耸立的骨质头冠，和公鸡的鸡冠极为相似，再配上它们那有点狭长的身型，远远看去，就像一只小巧的"火鸡"。

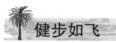

健步如飞

别看窃蛋龙体形较小，可它们的前肢十分强壮，两个前肢上各长有三根手指，每根手指都尖锐而有力；后腿细长，后蹬力很大，奔跑起来速度极快，动作敏捷。急速奔跑时，长长的尾巴可以保持身体的平衡，这更利于它们急速前进。

↑ 窃蛋龙化石

自身的利器

窃蛋龙不像霸王龙或其他食肉恐龙那样长有锋利的牙齿，但它们却有着强而有力的喙。那大而弯曲的喙坚硬得能够轻易击碎骨头，使得窃蛋龙可以轻而易举地吃到蚌、蛤类那坚硬外壳包裹下的鲜美的肉。

似鸵龙
SITUOLONG

似鸵龙是白垩纪时期的代表性动物之一，是由一类小型的兽脚类食肉性恐龙进化来的一种长得很像鸵鸟的恐龙。

外形特征

似鸵龙身高2米左右，和现在的鸵鸟差不多，体长4米左右。整个身体结构轻盈，头较长，眼睛和鸟的一样，颈部纤细灵活，牙齿已经退化了，取代牙齿长了角质喙。它们的四肢修长，前肢上有爪子，后肢的小腿骨比大腿骨长，3个脚趾着地，长有一条长尾巴，当它们急速转弯的时候，尾巴就变成了保持身体平衡的舵。

敏捷的似鸵龙

似鸵龙大腿肌肉发达，善于奔跑。据推测，它们的速度可能高达每小时70千

小资料

名称：似鸵龙
身长：约4米
食性：杂食性
生活时期：白垩纪晚期
发现地点：加拿大、美国

米，这样的速度在整个恐龙世界里算得上是短距离的奔跑能手了。这一特长其实也是为了生存，因为它们没有角，没有盔甲，也没有利齿可以用来保护自己，遇到危险的时候，只有迈开大步奔跑，才能逃离那些饥饿的猎食者的攻击。

生活习性

似鸵龙喜欢过小群体生活，它们常在低洼的平原上奔跑，因为它们的眼睛比较大，视野开阔，所以不用担心受到突然袭击。它们是不挑食的食客，喜欢享用各种各样的东西——从小型哺乳动物、两栖动物到浆果、坚果和种子。别看它们的牙齿已经退化，那长长的像鸟喙一样的嘴可是很尖利的，当获得带有坚硬外壳果实的时候，似鸵龙还会用嘴巴先把果实的硬壳剥去再吃。

似鸵龙来去如风。

似鸟龙
SINIAOLONG

[似] 鸟龙的头部厚实且短小，脖子长而且灵活，和现在的鸟类极为相似。鸟类很有可能就是由它们进化而来的呢！

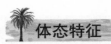
体态特征

似鸟龙长有一双水灵灵的大眼睛，它们利用这双与众不同的眼睛轻松且容易地观察周遭的情况。它们的视野极为开阔，一有敌人活动，很快就会发现并迅速逃离。它们的嘴巴又尖又硬，和鸟嘴很像，所以生物学家推测它们可能像小

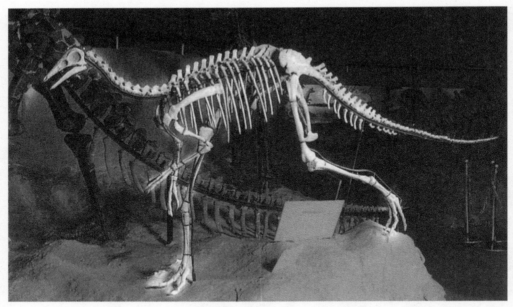
↑ 似鸟龙骨架

鸟或小鸡那样啄食食物。似鸟龙的前肢不像其他恐龙那样长着尖利的爪子，而后肢比前肢长得多，所以极善奔跑，动作敏捷。有的古生物学家还推测：在似鸟龙的头部和前肢上可能长有鸟类似的羽毛，真可以算是最像鸟类的恐龙了，

只不过在它们的身后还长有一条含有骨质核心的长尾巴。

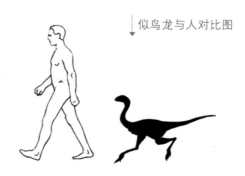
似鸟龙与人对比图

琢磨不透的食性

似鸟龙的特征如此像鸟，所以很多生物学家推测它们会像鸟一样啄食昆虫或植物。但似鸟龙到底是植食性还是肉食性，甚或是既吃植物又吃昆虫的杂食性，到现在也没有明确的定论。不过就是因为它们也长有像鸟类似的带有羽毛的翅膀，所以有的专家还推测：为了吃到食物，它们有可能还会进行短距离的飞翔呢！

小资料

名称：似鸟龙
身长：约3.5米
食性：不详
生活时期：白垩纪晚期
发现地点：美国、加拿大

似鸸鹋龙
SI' ERMIAOLONG

[似]鸸鹋龙生活在距今8000万～6500万年前的白垩纪晚期，是似鸟龙科的一属，用双足行走，属于肉食性兽脚类恐龙。

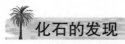

化石的发现

似鸸鹋龙的首个化石是于1920年发现的，这些化石发现于加拿大艾伯塔省的马蹄峡谷及朱迪斯河组，包含有成体及幼体化石。一开始人们把发现的这个化石认为是似鸵龙的一种，后来在1972年经过戴尔·罗素重新评估后把它划分为似鸸鹋龙。

外形特征

似鸸鹋龙体形较小，脑袋比较大，科学家猜测它们加大的脑部部分跟智力无关，很可能是用在动作的协调上。它们的眼睛很大，嘴呈喙状，没有牙齿，颈部较长，颌部的构造比较虚弱，尾巴较硬。和其他的似鸟科的恐龙相比，它们的背部较短，前肢修长，骨盆的构造也有所不同。

↑ 似鸸鹋龙与人对比图

长跑冠军

　　似鸸鹋龙的体长约为3.5米，体重100～150千克，在恐龙群里算是偏小型的恐龙。但是它们的胫骨长度比股骨长20%，适合快速奔跑。它们的速度极快，大约为每小时65千米，这样的速度和现在的马一起赛跑也有得一拼。似鸸鹋龙的速度是科学家根据其脚印化石来判断的，它们也被认为是恐龙中的长跑冠军。

小资料

名称：似鸸鹋龙
身长：约3.5米
食性：肉食性
生活时期：白垩纪晚期
发现地点：加拿大

257

鸭嘴龙
YAZUILONG

鸭嘴龙是白垩纪晚期出现的一类鸟臀类恐龙。因为这类恐龙的嘴巴宽而扁,很像鸭子的嘴巴,所以叫鸭嘴龙。

外形特征

鸭嘴龙的体长约为10米,头骨较高,在脸颊的两侧长着一双大大的眼睛,眼神经较大,所以眼睛能够向上移动,拓宽了的视野让它对身边的情况看得清清楚楚,能够保持较高的警惕。有一些鸭嘴龙头上长着冠状突出物,那是由鼻骨或额骨形成的,也被称作"顶饰"。它们的前肢较短,后肢较长,也比较的粗壮。鸭嘴龙一般是用后脚行走或者奔跑,长长的尾巴在行走或者奔跑的时候保持平衡。但有的时候,鸭嘴龙也靠短小的前肢支撑着身体俯下身来吃低矮的植物。

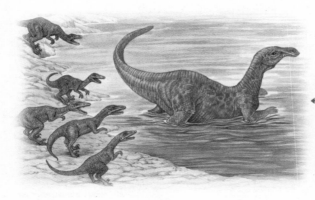

鸭嘴龙可能很擅长游泳,有人认为它们可以跳入很深的水中,以躲避成群捕猎的肉食恐龙。

牙齿特别多

鸭嘴龙的口部宽大扁平,口中长着倾斜的菱形牙齿,少的有200颗,多的可以达到2000多颗。这些牙齿一行行重叠排列在牙床里,替换使用。上面一行磨蚀了，下面又顶上一行，这些牙齿一旦磨光了还会长出新的来代替。这么多的牙齿其实是与它们吃的食物有密切关系，因为鸭嘴龙吃的大部分植物是石松类中的木贼，这种植物含硅质较多，牙齿磨蚀较快，所以只有牙齿多才能弥补这一缺陷。

鸭嘴龙皮肤化石

🌴 生活习性

一般认为，鸭嘴龙生活在沼泽附近，并把大部分时间消磨在水中，这样，它们可躲避陆地上凶猛的肉食龙的袭击。因为鸭嘴龙鼻孔的位置比较高，只要抬起头来，就可把鼻孔露出水面进行呼吸，而且脚上有"蹼"的构造，更说明它们是能游泳的动物。但是也有人认为鸭嘴龙是完全陆生的动物，理由是这类恐龙的身体都很重，在沼泽中生活未免有下陷的危险，再就是在它们的胃里找到了松树的针叶及陆生植物的种子和果实。

小资料
名称：鸭嘴龙
身长：约10米
食性：植食性
生活时期：白垩纪晚期
发现地点：北美洲

青岛龙
QINGDAOLONG

青岛龙生活在白垩纪的晚期，属于植食性鸟脚类恐龙的一种。青岛龙的化石，是中国首次发现的完整的恐龙化石。

外形

青岛龙在恐龙中算是比较大型的恐龙了，体长8~10米，外形与鸭嘴龙区别不大，只是头顶上多了一只细长的角，看起来像独角兽一样。

管棘

青岛龙与其他的恐龙相比最不一样、区别最大的是在额头上长有一个管棘。这个管棘位于眼睛的中间，长得很笔直，中间是空的，它的末端朝着两端分开，能够发出低沉的声音。从青岛龙的化石标本来看，这个管棘不是很坚实，所以古生物学家推测出这不该是用来当作武器的，而是应该用来吸引异性注意力或者是向同伴发出信号的。

习性

尽管体形不算小，但是青岛龙很喜欢过群居的生活，它们的性格也比较的温顺。青岛龙的前肢又短又小，但是后肢比较粗壮，一般是用双脚行走，行动比较缓慢，即使在奔跑起来也不快。它们很喜欢生活在水里，以吃岸边的植物为生。

副栉龙
FUZHILONG

[副]栉龙是一种鸟脚类恐龙。它们生活在白垩纪的晚期，是鸭嘴龙类恐龙的典型代表。

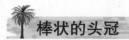

棒状的头冠

副栉龙最为显著的特征是其头上延伸出来的头冠，这个头冠呈棒状，比其他有头冠的恐龙的要长。对于副栉龙头冠的作用还没有一个统一的认识，但是大多数的人认为这个头冠应该是它的发声器，可以用来报警或求救的。不过这个发声器会因为年龄、性别的不同而不同。

262

生活习性

　　副栉龙的前肢十分健壮，既可以在用四足行走的时候用来支撑身体，又可以用来游泳和涉水。它们以植物为食，在进食的过程中，副栉龙会利用非常敏锐的感觉保持很高的警惕性，一旦发现敌人靠近，它们就会迅速的逃离。它们灰暗的皮肤也是躲避其他肉食性恐龙袭击的有效工具。据古生物学家推断，副栉龙还是一种群居性动物。

小资料

名称：副栉龙
身长：约9米
食性：植食性
生活时期：白垩纪晚期
发现地点：美国、加拿大

戟龙
JILONG

[戟 龙又叫刺盾角龙，生活在白垩纪晚期，是植食性角龙类恐龙的一种。**]**

吓唬人的颈盾

戟龙的头颅硕大，颈部长有美丽的盾状环形的装饰物。在盾状饰物周围长着6个大小不一的长角，这些构成了戟龙那大的吓人的颈盾，这个颈盾不但能吓住敌人。这个颈盾一般在强壮威武的雄性身上长得壮观美丽，而在雌性的身上并不发达，因此专家推测其作用主要是为了展示，以吸引异性的注意。因为这个颈盾看起来很像中国古代兵器中的戟，所以便形象地给它取名为戟龙。

戟龙强健的四肢支撑起庞大的身体。戟龙的角和颈盾的骨刺像一把把利剑，是反守为攻的可怕武器。像鹦鹉一样弯曲的喙嘴，可以切割采食低矮植物的叶子。戟龙长约60厘米的鼻角，是进攻时的主要武器。

厉害的武器

戟龙是一种大型恐龙，身长大约5.5米，身高约1.8米，体重约3吨。它们的鼻骨上长着一个巨大而直立的尖角，这个尖角能够刺穿肉食性恐龙的皮肉，留下一个深深的窟窿。角和颈盾的骨刺都就像一把锋利的剑，是它们不可忽视的重要武器，足以使任何凶残的进攻者闻风丧胆。在同其他恐龙战斗时，戟龙只要把头从下往上用劲一抬，颈盾就会马上刺穿进攻者的胸膛。

生活习性

　　戟龙四肢短小，但整个身体的骨架都很强健，胸廓宽大，能够让肌肉便于附在上面。四肢的骨骼很粗壮，尾巴较短，喙状的嘴里长有颊齿，这些都显示它们是植食性恐龙。就像其他角龙类一样，它们也是采取群居的方式生存，多与植食性恐龙共同生活。

小资料

名称：戟龙
身长：约5.5米
食性：植食性
生活时期：白垩纪晚期
发现地点：美国、加拿大

恐龙百科
KONGLONG BAIKE

尖角龙
JIANJIAOLONG

尖 角龙生活在距今约7500万年前的白垩纪晚期，属于植食性的角龙科恐龙，以鼻骨上的尖角而闻名于世，故此得名。

酷似犀牛

尖角龙不仅有一只和犀牛相似的尖角，就是长相和身材都酷似犀牛。它们有着强而有力的粗壮四肢，脚趾很宽，尾巴很短，走起路来一摇一摆，屁股扭啊扭的，简直具备了所有犀牛的独特特点，乍一看还真以为是一只放大了的犀牛呢。

硕大的头部

尖角龙的头部很大，几乎与身体同宽，在它们的颈部还长有片状的骨头，就像盖在脖子上的盾牌一样，人们称其为颈盾。这向外扩张的颈盾将头部衬得更加

这是一群尖角龙，它们试图穿过一条河流。每年夏天，成群的尖角龙都会像图中那样向北迁徙，到气候更温和的地区。

266

硕大，也令头部更加沉重，每一次晃头，都会给颈部乃至身体骨骼带来很大的压力。为了适应这一特点，尖角龙已经进化出了比其他恐龙都要强健的肌肉与韧带，骨头也更加坚硬。

鼻角与颈盾的奇特作用

尖角龙的大型鼻角与颈盾使其成为恐龙界中面相最为特殊的一类。它们在尖角龙的生活中到底起着什么作用呢？这一直是生物学家们争论的主题之一。根据曾挖掘出的带有伤痕的尖角龙颈盾化石，可以推断出，它们可作为抵抗掠食动物的有力武器，同样也可以作为同类之间为争夺异性或食物而进行打斗的工具。有的专家学者还认为，同类恐龙间可以通过鼻角和颈盾的细微差别而相互区分，起到视觉上的辨识物的作用。

小资料

名称：尖角龙
身长：约6米
食性：植食性
生活时期：白垩纪晚期
发现地点：美国、加拿大

三角龙
SANJIAOLONG

三角龙生活在白垩纪晚期，多分布在北美洲地区，是一种喜欢过群居生活的中型恐龙。

🌴 外形特征

　　三角龙体形巨大，身长接近10米，大约有10吨重，是角龙类中的大个子。它们长着一个非常奇特可怕的头，脸上有三只大角：一只从鼻子的部位长出，较短；另两只从眼睛上方长出，很长，有1米多。样子长得很像现在的犀牛，但是体重要重很多，差不多是犀牛的五倍。在它们的脖子周围长有一个巨大的骨质颈盾，加上头

上的两个较长的眉角和较短的鼻角，正好可以构成了一个强有力的武器。

防御工具

三角龙的角与现在的野牛角一样，既结实又粗大，这种角在防卫性的战斗中，肯定会大有用武之地。当三角龙与霸王龙之类的敌人遭遇时，它就放低头部，伏下身子，将长长的角朝着对方，摆出一幅战斗的架势。不仅如此，它的强有力的颈盾也会倒竖起来，威吓敌人。因为处在肉食龙到处逞凶的时代，三角龙之类的角龙必须具备这样的武器才能很好地生存下来。

小资料

名称：三角龙
身长：8～10米
食性：植食性
生活时期：白垩纪晚期
发现地点：加拿大、美国

外表只是假象

外形看起来骁勇善战的三角龙，其实是一种很温驯的植食性恐龙，身上的尖角只是它的防御工具，一般从不主动攻击其他的动物。光是看三角龙的体形，我们会觉得它的动作应该很笨拙，其实不然，这只是它的表面现象，当三角龙散开了四肢奔跑的时候，速度还是相当快的。

盔龙
KUILONG

盔龙经常活跃在针叶林和灌木丛中，是一种植食性的恐龙。它们的头部长有一个中间为空心的头冠，就像头上戴了个头盔一样，所以人们称其为盔龙。

各式各样的"头盔"

盔龙根据性别和年龄的不同头上的头冠也各不相同。一般来说，年轻和雌性

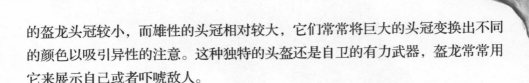

的盔龙头冠较小，而雄性的头冠相对较大，它们常常将巨大的头冠变换出不同的颜色以吸引异性的注意。这种独特的头盔还是自卫的有力武器，盔龙常常用它来展示自己或者吓唬敌人。

令人费解的牙齿

盔龙的牙齿算不上尖锐更称不上锋利，它们嘴的前部甚至没长什么牙齿，真不知道它们是怎么将树上的树叶或其他植物咬断并吃入嘴中的。尽管没有类似的门牙，但是盔龙的嘴后部却长有上百颗颊齿，这些牙齿可以帮助它们将植物嚼碎，使其能够更好地吸收植物中的营养。

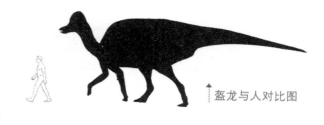

盔龙与人对比图

长有皮囊的双颊

　　小朋友们一定都见过小青蛙吧，它们最有特点的地方就要算那鼓鼓的腮帮子了。盔龙的双颊上也长有和青蛙类似的皮囊，这皮囊也能够鼓起来，在鼓起的同时还伴随着声音的发出。盔龙能够利用皮囊鼓起的不同程度来调节声音，从而传递出警告、引起注意、吸引异性等信息。

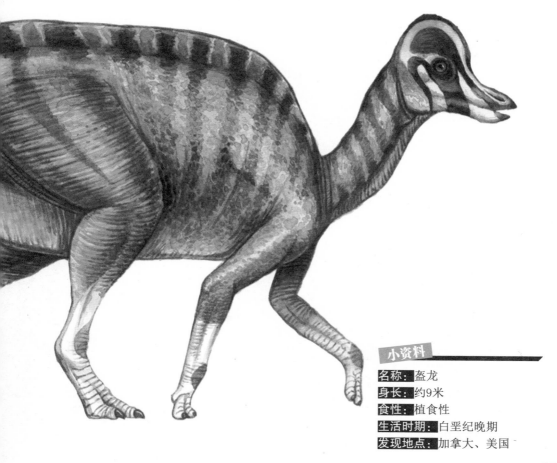

小资料

名称：盔龙
身长：约9米
食性：植食性
生活时期：白垩纪晚期
发现地点：加拿大、美国

271

埃德蒙顿甲龙
AIDEMENGDUNJIALONG

[**在**]恐龙的世界里，埃德蒙顿甲龙算不上最庞大的，也谈不上最强壮的，但它们一定称得上是最特别的。

最威武的铠甲

埃德蒙顿甲龙的身体上长有层层钉状和块状的甲板，就连头部和颈部上也长有骨板，这些骨板的表面可能包着一层角质，使得骨板坚硬异常。这些坚硬的甲板和骨板分布在埃德蒙顿甲龙的周身，就像为它们披上了一层最威武最强硬的铠甲一样，使得其他食肉恐龙对它们难以下口，最终不得不放弃。埃德蒙顿甲龙也就这样在危险的环境中一次又一次地保护了自己。

爱挑食的孩子

埃德蒙顿甲龙的生理特点与众不同，它们的嘴巴细长而狭窄，生物学家由此推测它们可能是一个挑食者。在条件允许的前提下，它们定会选择一些汁液最多的植物来食用。它们会将头部深入灌木丛或低

埃德蒙顿甲龙

矮的树丛中，先用前方无牙的喙部将嫩树叶叼下，然后再用颊齿将食物嚼烂吞入肚中。不过如果遇上旱季，无法找到多汁的植物，它们也会吃些坚韧的灌木甚至啃食些容易嚼的树皮。

身背数把宝剑

　　埃德蒙顿甲龙两侧各长有一排尖锐的骨质刺，这两排细长而尖锐的刺就像两排锋利的宝剑一样护卫着自己。一旦遇到危险或受到攻击，它们就会立刻趴在地上，一则是为了保护自己柔软的肚子不被袭击，二则是为了向敌人展示自己的武器，它们用宝剑指着敌人，使敌人望而却步。

小资料

名称：埃德蒙顿甲龙
身长：约7米
食性：植食性
生活时期：白垩纪晚期
发现地点：美国、加拿大

包头龙
BAOTOULONG

[**包**头龙也叫作优头甲龙，是生活在白垩纪晚期的一种植食性恐龙。包头龙是甲龙科下体形最巨大的恐龙之一，也是所有带甲的恐龙中最著名的。]

坚硬的骨甲

包头龙体长6～7米，约有2吨重，四肢比较短小，上面都长有像蹄的爪子，整个身体都被相互交错的、扁形的骨板覆盖着，就像是装上了装甲带的坦克。引人注目的是，除了身体以外，它们的整个头部也被甲片包裹。这些骨质甲片包裹住了整个脑袋，甚至连眼睑上都披有甲片，它们的名字也是根据这个原因取得的。

小资料

名称：包头龙
身长：6～7米
食性：植食性
生活时期：白垩纪晚期
发现地点：加拿大

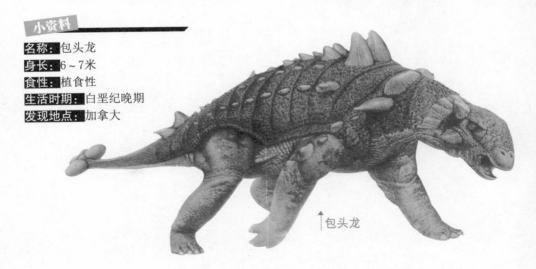

包头龙

自卫的武器

包头龙长有坚硬的尾巴，尾尖上还有一个沉重的大骨锤，是击打敌人的有力

武器。在遇到肉食性恐龙的袭击时，为了自保，它们会挥动着沉重的尾锤进行防卫。

包头龙与人对比图

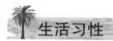
生活习性

　　幼年包头龙一般采取群族生活的方式以求自保，成年包头龙则大都是单独生活的，它们不喜欢成群结队的集体活动。包头龙是植食性的恐龙，由于牙齿很弱小，所以它们可能只吃低身的植物及浅的块茎。像其他甲龙一样，它们也有水桶般的身躯，里面装着十分复杂的胃和长而回旋的肠子，用来慢慢消化食物。包头龙的消化系统比较复杂，这利于它们很好地吸收食物中的养分。

275

剑角龙

JIANJIAOLONG

剑角龙是肿头龙类恐龙的一种，生活在白垩纪晚期，主要的生活区域是在现今的美国和加拿大。

科学的身体构造

剑角龙的前肢较短，后肢较长，身后甩着一条长长的尾巴用来保持身体的平衡。从已经发掘的剑角龙骨骼化石来看，剑角龙盆骨上的耻骨低而长，在盆骨上方则有六块到八块脊椎，这些脊椎被骨腱连在一起，像麻绳一样扭在一起很牢固，这样的身体结构不仅可以减少剑角龙骨骼震动的作用，还大大加强了剑角龙骨骼的冲力，整体来看剑角龙的身体构造很符合身体撞击的力学要求。当剑角龙的头部略向下倾斜时，它的头部就会和自己的脊椎柱形

小资料

名称：剑角龙
身长：约2米
食性：植食性
生活时期：白垩纪晚期
发现地点：美国、加拿大

成一个适当的角度，这一姿势很利于剑角
龙发起对敌人的攻击。

 用头撞击

　　剑角龙一般是成群结队地生活，首领
则是由雄性剑角龙决斗中获胜的一方来胜
任。不管是决斗还是自卫攻击敌人，剑角
龙唯一的武器就是它们的头。剑角龙的头
盖骨很圆，雄性的剑角龙的骨质特别的厚，所以会有很大的冲力，而巨大的冲撞
很容易让敌人或对手受到重创。

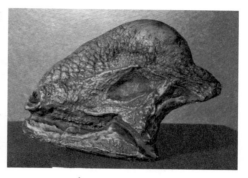

剑角龙头骨化石

特暴龙
TEBAOLONG

[特]暴龙生活在白垩纪晚期，距今大约有7000万～6500万年，化石被发现于中国和蒙古。经研究发现，特暴龙与北美洲的霸王龙十分相似，应该是霸王龙的近亲，属于肉食性兽脚类恐龙的一种。

外形

特暴龙是特大型暴龙科动物之一，身长在9～12米之间。脑袋十分的硕大，但因为头骨里有很多的空间，这样特暴龙的头的重量就要轻很多，而和它自身的体形相比，头就显得更轻了。它们的前腿较短，每个手掌有两根手指，后肢长而粗厚，将身体支撑为二足的步态，上有三根脚趾。特暴龙的尾巴不但长而且很重，可以用来平衡头部与胸部的重量，将全身的重心保持在臀部。

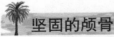

坚固的颅骨

特暴龙的鼻骨与泪骨间缺乏骨质的连结，但上颌骨的后方有个楔入泪骨内的大型突起，当它们进食时，咬合的力量从特暴龙的上颌骨直接传递到泪骨。这就使它们的泪骨与额骨、前额骨之间更为牢固。由于上颌骨、泪骨、额骨、前额骨之间牢牢地固定着，就使得它们的颅骨十分坚固。

特暴龙与人对比图

名副其实的暴躁

　　特暴龙生活在潮湿地域，性格相当的暴躁，而且十分的强悍，是一种顶级的掠食恐龙，甚至可以以大型恐龙为食物。它们的牙齿异常锋利，能够轻而易举地咬碎其他动物坚硬的骨骼。四肢强壮有力，光是踩踏，就可以让很多动物丧生。因此与它们同时代的恐龙都惧怕它们三分，不会轻易招惹它们。

小资料

名称：特暴龙
身长：9～12米
食性：肉食性
生活时期：白垩纪晚期
发现地点：中国、蒙古

冥河龙
MINGHELONG

[冥] 河龙生活在白垩纪晚期的北美洲大陆，是一种脾气温和的植食性恐龙。

外形

冥河龙是肿头龙大家族的一员，相貌很怪异。全长约2.4米，高约1米，体形和习性都很像今天的野山羊。头部有一个坚硬的圆形顶骨，而且头颅骨板非常的厚实，周围布满了锐利的尖刺。不光是在头颅的顶部，在它们的后部与口鼻部也长有非常发达的骨板和棘状凸起。它们前肢细小，因此采取两足直立的方式行走。

冥河龙头骨化石

"头饰"的作用

冥河龙那繁多的精巧而复杂的头饰使它们在同类乃至全部恐龙中都是最面目狰狞的。这种奇怪的头饰有什么作用呢？有科学家认为，冥河龙的头颅圆顶可以承受的住非常猛烈的冲撞，尖刺也可以用来与对方相互地冲撞，在冥河龙群体的争斗中也应该是最有力武器。而另有科学家认为，这些特征纯粹只是装饰而已，只是在繁殖季节里用来吸引异性罢了。

冥河龙与人对比图

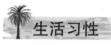 **生活习性**

　　冥河龙多采取群居的方式生活，因为自己的头颅骨板非常厚实，所以一般都是用互相碰撞头部的斗争方式来争夺异性，或者是决出领袖。

小资料

名称：冥河龙
身长：约2.4米
食性：植食性
生活时期：白垩纪晚期
发现地点：北美洲

萨尔塔龙
SA'ERTALONG

萨尔塔龙又名索他龙，是蜥脚类恐龙中的一种。它们生活在白垩纪晚期，这个时期，蜥脚类恐龙早已经衰退了，但是生活在南美洲的萨尔塔龙却幸运地生存了下来。

保护身体的武器

萨尔塔龙与其他蜥脚类恐龙相比，由于体形较小，也更容易受到大型食肉恐龙的伤害。但是，当任何进攻者跃上它们的背部、企图撕咬它们皮肉的时候，背上的骨板、骨结节、骨脊会起到很好的保护作用，甚至伤害捕食者的上下颌，碰掉长在上面的牙齿。另外，它们鞭状的尾梢也常使进攻者胆战心惊。

习性

萨尔塔龙习惯群居，它们漫步在南美洲大地上，不时扬起长长的脖子去取食其他小型植食性恐龙够不着的植物顶端的嫩枝叶。由于腰部强健，它们也经常用后肢站立，取食更高处的食物。

小资料

名称： 萨尔塔龙
身长： 约12米
食性： 植食性
生活时期： 白垩纪晚期
发现地点： 南美洲

慈母龙
CIMULONG

[**慈** 母龙还被称为 "好妈妈蜥蜴"，它们生活在白垩纪晚期，是典型的
鸭嘴龙类恐龙。]

 外形

　　慈母龙的体形较大，有一个类似马头的长脑袋，在眼睛的上方长着一个小小
的装饰性的实心骨质头冠，嘴巴和鸭子的很像，都是比较宽的。它们的喙里没有
牙，但是嘴的两边有牙。它们的前肢较细，但作用很大，在建造巢穴的时候，用
它来掏出巢穴的形状，在下蛋的时候还要支撑着身体。后肢短于前肢，所以看起
来它们全身的最高处就落在了臀部。

习性

　　平时慈母龙习惯用四条腿走路，但是跑动的时候它们就会用两条腿，因为这
样可以提高速度。它们生活在森林里，各种植物的果实和种子都是它们的食物。

科学家通过想像，复原的
慈母龙正在孵育小慈母龙
的模型图。

慈母龙与人对比图

名副其实的慈母

慈母龙一般把窝建在地势较高的地方，这样可以及时地发现敌人。把蛋产下来以后，它们就会在窝的旁边保护，以防被其他的恐龙把蛋偷走，有的时候还会趴在上面以保持蛋的温度。孵化出来的小慈母龙要在自己的父母身边被保护着待上十几年才会离开，所以它们确实配得上"慈母"的称号。

小资料

名称：慈母龙
身长：6～9米
食性：植食性
生活时期：白垩纪晚期
发现地点：美国、加拿大

南方盗龙
NANFANGDAOLONG

[**南**方盗龙是目前南半球所发现的最大型的驰龙类恐龙，生活在距今7000万年前的白垩纪晚期，其生活的区域是在今天的阿根廷。]

短小的前肢

　　南方盗龙的体长大约是5米，头骨的形状较长，约有80厘米长，前肢十分短小，按其身体比例来看，短小的前肢能够与暴龙相比较。

区别于其他盗龙

　　人们通过对南方盗龙的化石的研究发现，它们的头骨形状较长，头骨上还带有一些类似伤齿龙科的特征，肱骨只有股骨的一般长，这些都是区别于其他盗龙的特征。另外，南方盗龙的牙齿呈圆锥状，没有锯齿状的边缘，这个特征和棘龙科很相似。

南方盗龙化石

小资料

名称：南方盗龙

身长：约5米

食性：肉食性

生活时期：白垩纪晚期

发现地点：阿根廷

埃德蒙顿龙
AIDEMENGDUNLONG

埃德蒙顿龙是鸟脚类恐龙中的鸭嘴龙类，完全成长的埃德蒙顿龙可达13米长，体重约4吨，是鸭嘴龙类最大型的一种，在白垩纪晚期分布广泛。

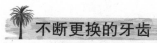

不断更换的牙齿

埃德蒙顿龙能吃坚硬的植物，需要很多咀嚼——它们嘴中布满大约成千牙齿，但是它们只有上颚骨与齿骨具有牙齿。新的牙齿会不断地生长来取代脱落的牙齿，一颗牙齿需要约一年的时间来生长。牙齿排列成形成数十列齿系，每列齿系有至少6颗牙齿。

生存环境

埃德蒙顿龙与暴龙生存于相同时期的相同环境，其中一个在丹佛自然科技博物馆展览的成年标本，显示它的尾巴曾被兽脚类恐龙所咬。尾部的第13到17节脊椎的神经棘具有明显的牙齿痕迹，其中一个神经棘断裂，而其他神经棘弯曲，显示曾经被肉食性动物从后方攻击过。由于这个部位的高度至少有2.9米，攻击者应是种体形巨大的动物，而从该化石的发现地区来判断，该地区的唯一大型肉食性动物是暴龙。

习性

由于埃德蒙顿龙分布广泛，北至阿拉斯加州，南到科罗拉多州，其中包含北极区，因此有科学家提出埃德蒙顿龙可能具有迁徙过冬的习性。

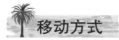 移动方式

埃德蒙顿龙是双足动物，但亦可以用四足行走。虽然前肢较后肢短，但前肢亦有足够长度，仍适宜行走。前肢的二指有蹄爪，极像圆顶龙的肉垫，可协助分担重量。后脚有三趾，且都是有蹄爪的。下肢的骨骼结构显示，脚掌与腿之间是由强壮的肌肉所连接。脊骨在肩膀区段向下弯曲，所以它应该是低姿势及吃近地面的食物。有研究显示，埃德蒙顿龙能以每小时45千米的时速移动。

小资料

名称：埃德蒙顿龙
身长：约13米
食性：植食性
生活时期：白垩纪晚期
发现地点：加拿大

独角龙
DUJIAOLONG

[**独** 角龙又名尖角龙，生活于8000万年前的白垩纪晚期的北美洲与亚洲，属于角龙类头饰龙亚目。]

外形

独角龙约有6米长，1.8米高，体重约3吨。辨认独角龙的要诀就是它们的鼻骨上方有一个尖角伸向前上方。这个尖角就像现代的犀牛的角一样，是它们自卫的武器。

独特的颈盾

在独角龙的脖子上有一个骨质颈盾向后方生长，盾的边缘有一些小的波状隆起，可以抵御天敌的袭击。科学家认为，这个颈盾除了有保护作用以外，大概还是地

位的象征。因为独角龙的头、颈盾同身体比较起来显得非常巨大，每晃动一下脑袋，它们的骨骼都承受着很大的压力，所以它们就需要有强壮的颈部和肩部。因此，独角龙的颈椎紧锁在一起，有极强的耐受力。

小资料

名称：独角龙
身长：约6米
食性：植食性
生活时期：白垩纪晚期
发现地点：加拿大

 习性

　　如同所有角龙类恐龙一样，独角龙是植食性恐龙。在白垩纪期间，开花植物的地理范围有限，所以独角龙可能以当时的优势植物为食，例如：蕨类、苏铁、针叶树。它们可能使用锐利的喙状嘴咬下树叶或针叶。

伤齿龙
SHANGCHILONG

[**伤**] 齿龙也叫锯齿龙，生活在白垩纪的晚期，是一种小型的兽脚类肉食性恐龙。

外形

偷蛋的伤齿龙

伤齿龙身长约2米，高度为1米，重约60千克，算是十分小巧玲珑了。伤齿龙拥有非常修长的四肢，加上长有人字骨的尾巴，这就使得伤齿龙奔跑起来速度非常快，很利于它们追捕猎物，或者是在遇到天敌时能够迅速地逃避敌害。伤齿龙拥有长手臂，可以像鸟类一样往后折起，而手部拥有可作出相对动作的拇指。它们的第二脚趾上拥有大型、可缩回的镰刀状趾爪，这些趾爪在奔跑时可能会抬起。

最聪明的恐龙

科学家从伤齿龙化石研究得出，它们的大脑是所有恐龙中最大的，也就是说，它们的智商应该很高，而且很可能是最聪明的恐龙。因为有着发达的大脑，伤齿龙能对周围的环境做出迅速、准确的判断，动作也很敏捷，带爪的手指具有很大的杀伤力，往往能够轻易地捕食到小型植食性动物。

大眼睛的作用

　　伤齿龙拥有大眼睛，显示其有夜间行动能力，可能以夜间行动的哺乳动物为食。事实上伤齿龙的眼睛比其他大部分恐龙还要朝向前方，显示伤齿龙有比其他恐龙更好的深度知觉。

小资料

名称：伤齿龙
身长：约2米
食性：肉食性
生活时期：白垩纪晚期
发现地点：美国、加拿大

293

单爪龙
DANZHAOLONG

[单] 爪龙是一种小型的兽脚类恐龙，与鸟类有亲缘关系，身上长有羽毛，生活在白垩纪晚期的蒙古西南部。

外形

单爪龙的身长约1米，双脚长而敏捷，可以快速奔跑，这在它们所生存的沙漠平原环境中非常有效。

短小而实用的上肢

单爪龙长有极其短小的上肢，而每只上肢只有一只结实的大爪。它们的上肢太短因而够不到自己的脸，但是非常强健，可以让它们利用上肢凿穿蚁丘，从而能吃到土丘里面的白蚁。

单爪龙

小资料

名称：单爪龙
身长：约1米
食性：肉食性
生活时期：白垩纪晚期
发现地点：蒙古

化石研究

　　研究显示，单爪龙的头部小，牙齿小而尖，显示它们是以昆虫与小型动物为食，例如蜥蜴与哺乳类。它们的眼睛可能很大，这有助于它们在较寒冷、较少掠食动物的夜晚猎食。

↑ 单爪龙与人对比图

单爪龙用它的爪子在白蚁丘穴上凿洞，然后就能用尖长的喙啄食到白蚁了。

鲨齿龙
SHACHILONG

[鲨 齿龙生活在白垩纪的晚期，化石来自撒哈拉沙漠，是到目前为止
在非洲发现的最大的恐龙，也是目前发现的第四大的肉食恐龙。]

小资料

名称：鲨齿龙
身长：约13米
食性：肉食性
生活时期：白垩纪晚期
发现地点：非洲

恐怖的大嘴

鲨齿龙的头骨有1.6米长，比霸王龙的头骨还要长10厘米，但是它们的大脑却只有霸王龙的一半，估计没有霸王龙聪明。头部的前端长有一个尖尖的、很大的嘴巴，嘴里长有一排排极其锋利的牙齿，样子很像是一把把弯刀，边缘布满了锯齿，与鲨鱼的牙齿很像，可以把捕食到的猎物很容易地撕成碎片。因此，这个大嘴可以称得上是它们最有力的武器了。

鲨齿龙头骨长达1.63米。它长有令人难以置信的强有力的尖牙，帮助它轻而易举地撕开其他动物的肌肉。

习性

鲨齿龙一般用强有力的后腿站立，其速度很快，冲击力也很大，主要捕杀一些同时代的大型植食性恐龙为食。

最强悍的陆地杀手

鲨齿龙是一种很凶狠的巨型肉食性兽脚类恐龙，其头骨仅次于肉食性恐龙中最大的南方巨兽龙的头骨。在那个时代的那个地区，鲨齿龙几乎没有对手，是史上最强悍的陆地生物之一。

似鸡龙
SIJILONG

似鸡龙是一种杂食性恐龙，生活在7000万年前的白垩纪晚期的蒙古南部戈壁地区。

外形

似鸡龙最长可达6米，体重约440千克，看起来像一只大鸵鸟，相当于身材比较高大的成年人的3倍。身上带有很明显的类似现代鸟类的特征，是目前为止已知的最大型的似鸟龙类恐龙。一般栖居在半沙漠化的干旱地区。

与现代鸟类的相似处

似鸡龙与其他的似鸟龙类恐龙一样，脑袋很小，但是在脑袋的两侧快接近头顶的地方却长着一双大大的眼睛，这就使得似鸡龙获得了全方位的视野，能够把前后左右的情况看得清清楚楚。它们长有狭长的喙，嘴里没有牙齿，颈部也很长很灵活，这些和现代的鸟类很相似。

与现代鸟类的不同处

似鸡龙身上没有羽毛，也没有翅膀，而是长有前肢，但比后肢要短，两个掌各

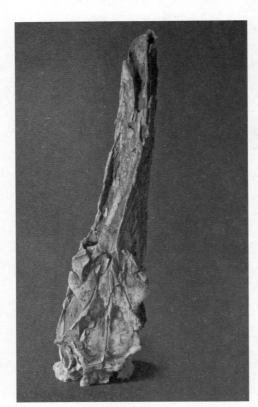
似鸡龙头骨

↑似鸡龙与人对比图

有3个利爪，可以很好抓取食物或者撕裂猎物。后肢修长，习惯用两只后肢行走，一步就能迈出很远的距离，奔跑起来速度也很快，这有利于它们快速地逃脱敌人的追捕和猎食。

小资料

名称：似鸡龙
身长：4～6米
食性：杂食性
生活时期：白垩纪晚期
发现地点：蒙古

原角龙
YUANJIAOLONG

[原 角龙生活在白垩纪晚期的亚洲地区，属于角龙科恐龙中比较原始 **]**
的一类。

外形

原角龙的身体不过1.5～2米，身体较小但很结实，体形接近现在的绵羊。一般
是靠四足行走，四肢短小有力，趾端长有蹄状爪，很适合在陆地上生活。尾巴较
长，占了身体的一半。

保护性命的头盾

原角龙的头上没有进化出角，只是在鼻骨的上面长了一个小小的突起，但是
在颈部形成了一个颈盾。这个颈盾的存在是为了保护原角龙，让它们在受到肉食
性恐龙攻击时避免遭到被咬断脖子的致命一击。

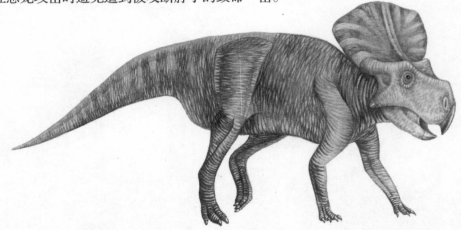

原角龙的一对大牙齿可能用于打斗和协助进食；它的尾巴，曾让科学家误认为它
们会游泳。强有力的四肢，说明它们可以快速奔跑。

习性

　　人们曾发现过一个原角龙的墓地，里面有从成年到幼体的许多骨架化石，说明原角龙是一种以家族为群体生活的动物。

原角龙的蛋为长椭圆形，这样可防止蛋从巢穴的边缘滚落出去。

化石发现

　　原角龙的化石是于1923年的夏天，由美国自然历史博物馆组织的考察队在蒙古火焰崖附近发现的。这次发现中，最令人惊喜的莫过于原角龙的蛋化石的发现，这是人类首次挖到恐龙蛋化石。

伶盗龙和原角龙在一场打斗中势均力敌。伶盗龙拥有锋利的趾爪可以抓穿原角龙的皮肤，但原角龙尖锐的喙也能给对手带来致命的伤害。

小资料

名称：原角龙
身长：1.5～2米
食性：植食性
生活时期：白垩纪晚期
发现地点：蒙古

五角龙
WUJIAOLONG

[**五**] 角龙生活在距今约7500万～7300万年前的白垩纪晚期，生活地点是在今天的北美洲，是较大型的植食性恐龙。

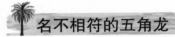
名不相符的五角龙

　　五角龙之所以得名，是因为古生物学家一开始认为它面部长有5只角。实际上，它只有常见的3只角——鼻拱上1只直角，眉拱上2只角。古生物学家看到的另

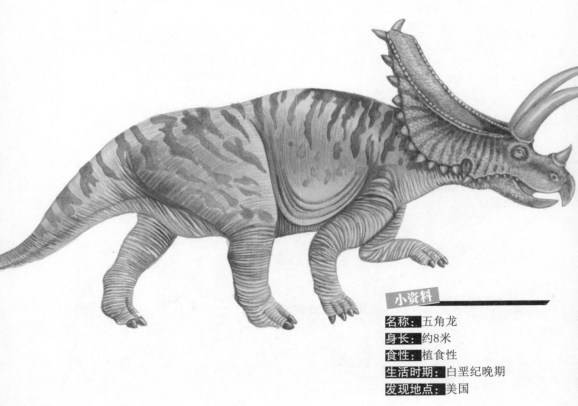

小资料

名称：五角龙
身长：约8米
食性：植食性
生活时期：白垩纪晚期
发现地点：美国

五角龙与人对比图

外2只角，不过是它的眼睛下、后颊的两个骨质突起。

令人叹为观止的颈盾

　　五角龙的颈盾很高大，边缘点缀着一列呈三角形的小突角，看起来很是威武雄壮。为了支撑这个沉重的颈盾，它们的颈椎都是紧缩在一起的，这就有承受这份重量的承受力了。

结节龙
JIEJIELONG

[**结**]节龙生活在白垩纪的晚期，距今有7000万~6500万年，是结节龙类恐龙的典型代表，属于甲龙的一类。

小资料
名称：结节龙
身长：约5米
食性：植食性
生活时期：白垩纪晚期
发现地点：北美洲

穿盔甲的恐龙

　　结节龙的头部较小，四肢很粗壮，身体滚圆。与其他恐龙不一样的是它们身上的骨甲，可以说这是它们区别于其他恐龙的最大特征。它们浑身上下的甲片占据了整个身体的重要位置。这些骨甲不是竖立的骨板，而是宽且平的骨质甲片，密布在整个身体的表面，冒起的小小骨突使它们看起来就像是披了一张瘤状的骨板盔甲，这张"盔甲"把结节龙包裹得很严实，起到了很好的保护作用。

习性

　　结节龙靠四肢行走，前肢和后肢的长度基本一样，脚部宽而短，整个四肢和躯体都比较结实，这样才能够支撑得住浑身上下的甲片的重量，尾巴末端没有尾锤。结节龙的嘴里没有利齿，它们主要以植物的嫩叶和根茎为食，一般喜欢独自生活。

绘龙
HUILONG

绘龙生活距今约8000万～7500万年前的白垩纪晚期，属于植食性恐龙，是甲龙的一种。其化石发掘于中国的北部和蒙古国，于1993年被命名。

外形

绘龙体长约有5米，是一种中等大小的甲龙，但是身形要比一般的甲龙显得细长。它们拥有长长的尾巴，尾巴末端有骨锤，可以在遇到危险的时候作为武器防身。

习性

从发现的骨骼化石来看，它们的牙齿比较小，也不是很尖锐，所以推测它们只能吃一些柔软的植物。

小资料

名称：绘龙
身长：约5米
食性：植食性
生活时期：白垩纪晚期
发现地点：中国、蒙古

双角龙
SHUANGJIAO LONG

[**双**] 角龙生活在白垩纪晚期的北美洲地区，其化石是于1995年在美国的怀俄明州发现的，是角龙亚科恐龙的一属，属于植食性恐龙。

双角龙

🌴 化石研究

双角龙的骨骼化石被发现的只有一具头颅骨，一开始被误认为是三角龙的一种，后来经过研究，人们认为它应该是一个独立的属。从头颅骨的表面上看，双角龙类似三角龙，但是仔细研究后发现它们身上有一些很奇特的

↑ 双角龙与人对比图

特征，比如它们的鼻端上只有一个圆形的隆起部位，而在枕骨上的额角却都是笔直的。而且与其他的三角龙头颅骨相比，双角龙的要大一些，但是面部要短一些。还有双角龙的头盾有大型的洞孔，科学家猜测，它们的有些特征可能是因病变造成的，有些则是遗传的。

习性

　　和所有的角龙类恐龙一样，双角龙也是植食性恐龙。它们的食物主要是蕨类、苏铁、针叶树，进食的时候是使用喙状的嘴咬下树叶或针叶的。

小资料

名称：双角龙
身长：约9米
食性：植食性
生活时期：白垩纪晚期
发现地点：美国

307

南极龙
NANJILONG

[南] 极龙是生活在白垩纪晚期的大型四足植食性恐龙，其活动的区域是在今天的南美洲地区，是泰坦巨龙类下的一个属。

外形

南极龙的肩膀高达5米，身长达到了18米，体形非常巨大，有着长长的脖子和尾巴，而且身上可能长有鳞甲。

名字的含义

南极龙的属名在古希腊文并非表示南极洲，而是指"北方的相反"，因为它们是于阿根廷被发现的，而阿根廷与南极洲的名字都具有"北方的相反"的意思。

化石研究

南极龙的化石于1916年首次被描述，但是到了1929年才被正式命名，到现在也没有一个完整的骨骼化石，所以很多的特征都有待人们去判断。

小资料

名称：南极龙
身长：约18米
食性：植食性
生活时期：白垩纪晚期
发现地点：阿根廷

第五章

恐龙灭绝之谜

恐龙灭绝说法有很多：有的说是行星撞击地球造成的；有的说是超新星爆炸造成的等等；但这些都不是很准确的。其实谁也不能说出恐龙到底是怎么灭绝的，只能根据种种迹象推断而已。

1 小行星撞击地球假说

　　关于恐龙灭绝的原因，人们仍在不断地猜测和研究之中。1977年，美国地质学家阿尔瓦雷兹等人提出了导致恐龙灭绝的天体碰撞说，被认为是最权威的观点。他们认为恐龙的灭绝和6500万年前的一颗小行星有关。据研究，当时曾有一颗直径7~10千米的小行星坠落在地球表面，引起一场大爆炸，把大量的尘埃抛入大气层，形成遮天蔽日的尘雾，导致植物的光合作用暂时停止，恐龙因此而灭绝了。

　　小行星撞击理论一经提出，很快就获得了许多科学家的支持。1991年，在墨西哥的尤卡坦半岛发现一个发生在久远年代的陨星撞击坑，这个事实进一步证实了这种观点。然而也有许多人对这种小行星撞击论持怀疑态度，因为事实是：蛙类、鳄鱼以及其他许多对气温很敏感的动物都经历过白垩纪且顽强地生存下来了。这种理论无法解释为什么只有恐龙死光了，而其他的动物却得以生存下来。迄今为止，科学家们提出的对于恐龙灭绝原因的假想已不下十几种，而"陨星碰撞说"也不过是其中之一而已。

这幅图描绘了小行星撞击地球时可能发生的现象。它会在坠入地球大气层的过程中燃烧起来，发出炽烈的火光。

② 气候变化假说

　　从三叠纪到白垩纪，恐龙都是这个世界的霸主。它们占据了海、陆、空三度空间的各个领域，这说明当时地球上的自然环境都极其适宜于恐龙的生存和繁衍。然而，恐龙的灭绝引起了科学家们的种种猜测，其中，气候变迁的因素似乎更令人信服。

　　从地球的发展史中我们可以知道，地球上的大陆板块在中生代早期二叠纪时都是连在一起的，后来因为地球板块运动，各大陆板块之间不断地分离，它们周边的海域也在不断地变化，这样的变化造成了许多生物生态空间的改变、缩小或者消失。当联合古大陆逐渐靠近赤道，气候变得干旱而炎热，许多湖泊、河流被蒸干或缩小，恐龙也很快丧失了栖息的乐园，不得不拥挤在少数的湖泊里。它们一方面必须整天不停地觅食，以维持生命，另一方面要依赖于水体来支撑笨重的身体（减轻重力），唯一的办法就是成天"泡"在水中。恐龙属于冷血型动物，要靠外部的气候调节体温，天气过于炎热与寒冷都不利于恐龙生存。最终因为气候的改变导致了恐龙的灭绝。

恐龙灭绝的另一种解释是地球上的气温突然变冷，恐龙无法适应，而哺乳类、鱼类、蛇、蜥蜴等动物都有可以调节自身温度使之适应变化的身体机能，故能存活至今。

③ 火山爆发灭绝假说

恐龙自6500万年前灭绝以来，人们就有很多有关它们灭绝的猜测，这其中比较出名的一个说法就是——火山的爆发导致了恐龙的灭绝。

持"恐龙是火山爆发灭绝"这一看法的科学家们认为，6500万年前的地球上，火山活动十分的活跃，它们大规模地、持久地爆发，向空中喷发大量的火山灰、二氧化碳和硫酸盐，产生的有害气体影响了地球的环境，导致天气变热，臭氧层被破坏。骤然变热的气候让恐龙这种冷血动物很难适应，加之火山爆发引发的造地活动，使得陆地面积缩小，适宜恐龙生存的环境被破坏。在失去了赖以生存的环境以后，恐龙就只能遭到灭绝的命运了，渐渐地，恐龙就从地球上永远地消失了。

当然，也有人出来反对这种观点。反对者认为：火山爆发只会引发某一个地区的恐龙死亡，而不能够毁灭地球上所有的恐龙。地质史上有过很多次的大规模火山爆发，但是它们与恐龙灭绝的地质时代并不相符，所以恐龙灭绝根本不是火山爆发引起的。

夏威夷的火山喷发出蔓延数千米的熔岩流。类似这样的白垩纪末期的火山大爆发可能为当时的生物带来了浩劫。

④ 海啸加速灭亡假说

对于人们而言，最熟悉的一种"恐龙灭绝论"莫过于是小行星与地球撞击造成的。但是，新的地质学记录表明，这次相撞仅仅是一个开始，最终导致恐龙完全灭绝的，可能是这次撞击引发的一次巨大海啸。

6500万年前，一颗小行星与地球相撞，这次撞击不但在地球上形成了巨大的爆炸，还引发了一场席卷整个地球的巨大海啸。这次海啸致使高达150米的巨浪冲上岸边，席卷了离岸300多千米的内陆。这对于生活在这个时期的恐龙无疑是致命的打击，它们不但要面对大爆炸产生的高温气候，还要遭受巨浪的侵蚀。在这样双重的灾难下，不仅导致了海洋生物的灭顶之灾，也导致了陆地上的生物遭受了前所未有的灾难，这其中当然也包括地球的霸主——恐龙。

科学家在墨西哥靠近圣·罗萨利奥的海岸峡谷发现了大海啸的证据。但是恐龙的灭绝是不是就真的与这次海啸有关呢？这个问题还需要时间去论证。

5 超新星假说

　　关于恐龙灭绝的原因众说纷纭，却至今依然没有最终定论，这似乎成了一个永久的谜，很多科学家都致力于找出其中真相。1957年，苏联的科学家克拉索夫斯基提出了恐龙死于超新星爆炸的假说，他认为恐龙突然灭绝就是拜超新星的高能辐射所赐。

　　超新星是恒星的一种，但它极其不稳定，它有可能在很短的时间内增加几千万倍甚至几亿倍的亮度，同时释放的高能量便会致使自身产生爆炸并产生高能辐射。这些辐射能够破坏生物的基因，导致其不能正常繁殖或立刻病变死亡，同时还会引起强烈的气候变化，造成严重的自然灾害，这些都足以让恐龙灭绝。

　　至今已有多种迹象表明确实存在超新星爆炸使恐龙灭绝的可能性，如20世纪70年代科学家在意大利古比奥白垩纪末的粘土层中就发现了高出正常含量几十倍的稀有元素铱，这很有可能就是超新星爆炸形成的。

314

6 恐龙死于窝内假说

　　有关恐龙的灭绝，还流行着恐龙是死于窝内的假说。这种理论认为，恐龙灭绝是由于大量的恐龙蛋未能正常孵化所致。但是这些恐龙蛋不能正常孵化的原因是什么呢？对此，科学家们给出了几种说法。

　　有的人主张火山说，认为火山活动会把深藏于地心的稀有元素硒释放出来，少量的硒是有益身体健康的，但过量的硒却是有毒的。正是火山的爆发导致生活在附近地区的恐龙不可避免地吸入过量的硒元素，从而影响后代繁殖。而对于正在成长的恐龙胚胎来说，硒是毒性很强的元素，只要一丁点儿就会把胚胎杀死。在法国白垩纪的蜥脚类恐龙的蛋壳内就含有较多的硒，而且越靠近火山爆发群的交界处的恐龙蛋壳内硒的含量越高，于是孵化的失败率也就越高。丹麦哥本哈根大学的汉斯·汉森教授曾做过这方面的研究。

　　过去曾经有一种说法，认真恐龙灭绝的原因之一是由窃蛋龙或哺乳动物打破了恐龙蛋，偷吃了蛋中的营养物质。现在已经给窃蛋龙平了反，因为它们的尖嘴是用来吃坚果的，这种恐龙是孵蛋的，而不是偷蛋的。事实证明，吃蛋的动物从来不会把为它们提供食物的物种斩尽杀绝。所以白垩纪的哺乳类即使是吃恐龙蛋的，也不会违背上述生态学规律。

原角龙蛋和原角龙骨骼化石

⑦ 恐龙被"烤"死假说

关于恐龙灭绝的原因，最近有美国科学家提出一个全新的理论，他们认为恐龙是被海底所释放的甲烷燃烧产生的狂暴大火而活活烤死的。当然，这个理论认为这场大火是由于6500万年前的那次小行星撞击地球后产生的。

美国科学家解释说，在6500万年前的白垩纪时期，海平面500米以下的沉积岩层中含有大量的腐败植物，植物的腐败产生了大量的甲烷。而当小行星与地球剧烈地撞击后，所产生的巨大冲击波就会传遍整个地球，从而导致了蕴藏在沉积岩中的甲烷被释放了出来，被释放出来的甲烷就会进入大气层。富含甲烷的大气有可能在闪电的触发下被点燃，进而引起漫天大火，炙热的烈火把生存在地球上的恐龙都给活活烧死了。针对这个理论，科学家们还在美国佛罗里达的海底发现裂解的白垩纪晚期沉积层作为支撑证据，他们认为，这种裂解很可能是甲烷释放的结果。

但是，一些科学家对这个理论持谨慎态度，他们认为，这一假说不能解释为什么只有恐龙在大火中灭绝，而一些早期哺乳动物却得以继续生存。

8 植物杀害假说

关于恐龙灭绝的原因，中国的科学家提出了一个截然不同的观点，他们认为是植物导致了恐龙的灭绝。这种观点的提出是源自他们对部分恐龙化石的化学分析，发现了植物杀害这种史前动物的证据。

中国科学家选取分别埋藏在四川盆地中部、北部和南部的侏罗纪不同时代的50多具恐龙骨骼化石样本进行了中子活化分析，发现恐龙骨骼化石中砷、铬等微量元素的含量明显偏高。科学家们猜测有可能是恐龙生前食用过多含有砷、铬的微量元素的植物造成的。由于恐龙的新陈代谢作用，使得砷、铬沉淀在其骨骼中。而这个推论也在对恐龙化石埋藏地的植物化石研究中得到证实。研究表明，植物化石中的砷含量也非常高，砷就是人们俗称的砒霜。此外，科学家们还在对其他地区的恐龙蛋进行的化学分析中也发现了微量元素的异常，推测这很可能与母体摄入有毒食物有关。

恐龙化石

恐龙之最

最长的恐龙——地震龙

牙齿最多的恐龙——鸭嘴龙类恐龙

脖子最长的恐龙——马门溪龙

最大的肉食恐龙——南方巨兽龙

尾巴最长的恐龙——梁龙

爪子最大的恐龙——镰刀龙

头最大的恐龙——五角龙

奔跑速度最快的恐龙——似鸸鹋龙

最早的恐龙——始盗龙

最小的成年恐龙——小盗龙

最早有名字的恐龙——斑龙

最消极抵抗的恐龙——敏迷龙

大脑最小的恐龙——剑龙

最望而生畏的恐龙——暴龙

最大最完整的恐龙化石——腕龙化石

骨头最重的恐龙——蜥脚类恐龙

最小的恐龙骨架——鼠龙

暴龙

异特龙

双脊龙

伤齿龙

窃蛋龙

拟鸟龙

似鸵龙

恐龙的趣味问题

这里所列的恐龙趣味问题都是涉及恐龙整体的问题，是从宏观上着手的问题。

"恐龙"是一个名字吗？

恐龙的名字在拉丁文中分成两部分——属名和种名，大多数情况下使用的是种名。如果科学家发现了一种新的恐龙，他们会根据其自身之外类似的事物加以命名。很多恐龙的英文名字里包含了希腊词语"saurus"，它的含义为爬行动物或蜥蜴。

恐龙共有多少种？

被科学家命名的恐龙达数百种，然而没人确定恐龙共有多少种。有些不同种类的恐龙非常相似，因而一些科学家认为应将其归入同一类。而其他科学家则认为，有些同类的恐龙实际上可以划分为几个种类。目前仍有无数恐龙化石尚埋在地下而未被发掘出来，因此不能确定恐龙到底有多少种。

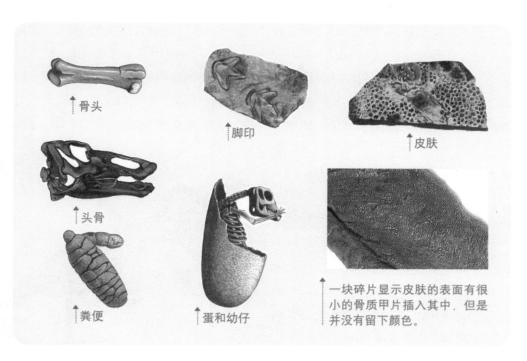

↑ 骨头

↑ 脚印

↑ 皮肤

↑ 头骨

↑ 粪便

↑ 蛋和幼仔

↑ 一块碎片显示皮肤的表面有很小的骨质甲片插入其中，但是并没有留下颜色。

319

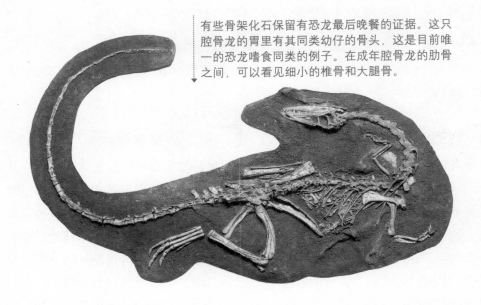

有些骨架化石保留有恐龙最后晚餐的证据。这只腔骨龙的胃里有其同类幼仔的骨头，这是目前唯一的恐龙嗜食同类的例子。在成年腔骨龙的肋骨之间，可以看见细小的椎骨和大腿骨。

化石分哪几种？

恐龙的骨头和牙齿只是恐龙化石的一部分。关于恐龙的皮肤印记、脚印和蛋的化石都被发现过。科学家甚至可以根据恐龙粪便化石推测出它们吃的食物种类。化石还有别的形成方法，例如，昆虫被困死在黏稠的树脂中，等到树脂变成坚硬的琥珀后，就形成了化石。

恐龙的皮肤上有没有鳞片？

从恐龙的皮肤化石中，我们可以发现许多恐龙的皮肤上长有起保护作用的鳞片，跟今天一些爬行动物五颜六色的皮肤相似。所以，一些专家认为恐龙的皮肤也应该是有许多不同颜色的。

恐龙是食同类的动物吗？

在美国新墨西哥州发现的腔骨龙残骸化石中，有许多小腔骨龙的骨架。这些骨架并不是刚出生的小腔骨龙的骨架，因为它们比较大。科学家们推测成年腔骨龙可能在食物短缺的时候吃同类的小腔

骨龙。其他的恐龙也可能吞食同类。

有生活在全世界的恐龙吗？

　　有些恐龙，比如说腕龙，在北美洲、非洲和欧洲都被发现过。而另一些恐龙，比如冰脊龙，则只生活在一块大陆上。

群居恐龙迁徙吗？

　　在南极和北极也发现过恐龙化石。夏天时恐龙可能有足够的食物，但到了冬天食物就匮乏了。科学家认为群居恐龙在冬天可能会离开极圈，迁徙到食物丰富的地方，就像今天的北美驯鹿一样。

小型恐龙怎样保护自己？

　　小盾龙是植食性恐龙，大小跟猫相似，但它们却不容易被其他大型恐龙吃掉，因为它们的全身覆盖着一排排骨突，这可以保护它们抵御天敌。它们是最小的身上长有保护鳞片的恐龙。

其他时期发生过物种灭绝吗？

　　恐龙灭绝并不是第一次大规模物种灭绝。大约在4.4亿年前，地球上几乎85%的生物灭绝了，之后在3.7亿年前又发生了一次。接着在2.5亿年前的二叠纪时期，陆地上大量脊椎动物死亡，新的物种开始统治地球。

恐龙灭绝前世界是什么样？

大约6500万年前，世界由恐龙主宰着。在亚洲和北美存在着种类繁多的甲龙、肿头龙、角龙、鸭嘴龙和肉食恐龙，在其他地区还有蜥脚类恐龙、剑龙和多种肉食恐龙。有些恐龙数目众多，然而所有的恐龙家族都很繁盛，在即将灭绝前没有任何征兆。

为什么有的恐龙会被改名？

科学家在描述化石时有时会犯错，因此一些恐龙的名字有时需要进行更改。例如，1985年，一位美国科学家发现了一种巨型蜥脚类恐龙的残骸，将之命名为巨龙。当他注册此名字时，发现已有另一个科学家使用这个名字命名了另一种不同的恐龙，但是这位美国科学家仍重复注册了这个名字。几年后，他又意识到他所谓的巨龙实际上只是一种大型腕龙，因此之前的名字又被完全弃用。目前一个名叫国际动物命名委员会（ICZN）的科学机构来决定新发现恐龙的命名，该机构的25名成员均由世界各个国家的德高望重的科学家选举产生。

发现过完整的暴龙骨架吗？

完整的暴龙骨架化石很稀少，但在1990年，人们在美国发现了两具几乎完整无缺的暴龙骨架。科学家研究这两具骨架和其他的骨架后发现，与今天的狮子和老虎等肉食动物不同，雌性暴龙可能要比雄性暴龙体积大些。

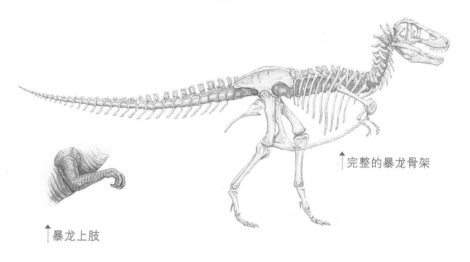

完整的暴龙骨架

暴龙上肢

暴龙用上肢来捕捉猎物吗？

暴龙的上肢和爪长得很小，甚至无法碰到自己的嘴，暴龙无法依靠它们捕捉猎物。但是暴龙的头部强壮有力，牙齿锋利可怕，捕食时根本不需要上肢来帮忙。

除暴龙外还哪些大型肉食恐龙？

除暴龙外还有其他3种肉食恐龙：双脊龙、异特龙和阿尔伯脱龙。但是它们的体积没有暴龙那么大。人们在蒙古发现过两条长达2.6米的恐手龙上肢化石。

双脊龙　异特龙　阿尔伯脱龙

323

恐手龙可能来源于比暴龙还大的恐爪龙。

暴龙的速度是快还是慢？

以前古生物学家认为暴龙的身体是直立的，把尾巴拖在地上。通过对越来越多完整的暴龙骨架的研究，人们发现暴龙的身体是前倾的，尾巴伸在空中保持身体的平衡，而且它们的奔跑速度很快。从暴龙的头颅结构和大脑质量的大小中科学家们可以推测出，它们的视觉、听觉和嗅觉都很灵敏。

暴龙是食腐恐龙吗？

一些专家认为暴龙是食腐者，它们吃动物死尸，也会盗取其他掠食者的猎物。也有些人认为暴龙的奔跑速度就像赛马一样快（每小时50千米），它们不需要做食腐者，而是凶残的猎杀者。最新的研究表明，暴龙可能既是猎杀者，又是食腐者。

蜥脚类恐龙如何生存？

科学家认为，蜥脚类恐龙生存在多达30个个体的群体中。已发现的足迹化石显示，很多蜥脚类恐龙会沿着同一个方向行走，体形矮小且年幼的位于队伍的中央，这样它们可以得到保护，免受正在捕猎的肉食性恐龙的袭击。当确定周围安全时，它们会四散觅食，但必须随时保持警惕。

有新发现的蜥脚类恐龙残骸吗？

20世纪90年代，在非洲发现了蜥脚类恐龙中的约巴龙和雅嫩斯龙。科学家只发现了这些巨型恐龙的部分骨架，因而他们必须将之与其他蜥脚类恐龙比较后再重建它们的骨架结构。约巴龙约有21米长，18吨重；雅嫩斯龙体形稍小。2004年，在美国又发现了一种恐龙，它可能是一种新的蜥脚类恐龙，但迄今为止还没有得出恰当的研究结果。

板龙就是这样群体生存的蜥脚类恐龙。

读者反馈卡

感谢您购买《恐龙百科》，祝贺您正式成为了我们的"热心读者"，请您认真填写下列信息，以便我们和您联系。您如有作品和此表一同寄来，我们将优先采用您的作品。

读 者 档 案

姓名＿＿＿＿＿＿＿　　　年级＿＿＿＿＿＿＿＿＿

电话＿＿＿＿＿＿＿　　QQ号码＿＿＿＿＿＿＿＿

学校名称＿＿＿＿＿＿＿＿＿＿＿＿＿＿＿＿＿＿

班级＿＿＿＿＿＿＿　　邮编＿＿＿＿＿＿＿＿＿

通信地址＿＿＿＿＿省＿＿＿＿＿市（县）＿＿＿＿区

（乡／镇）＿＿＿＿＿＿＿＿街道（村）

任课老师及联系电话＿＿＿＿＿＿＿＿＿课本版本＿＿＿＿＿

您认为本书的优点是＿＿＿＿＿＿＿＿＿＿＿＿＿＿＿＿

您认为本书的缺点是＿＿＿＿＿＿＿＿＿＿＿＿＿＿＿＿

您对本书的建议是＿＿＿＿＿＿＿＿＿＿＿＿＿＿＿＿＿
＿＿＿＿＿＿＿＿＿＿＿＿＿＿＿＿＿＿＿＿＿＿＿＿＿＿

您在使用过程中发现的错误，可另附页。

联系我们：北教小雨文化传媒（北京）有限公司

地址：北京市北三环中路6号北京教育出版社

邮编：100120

联系人：北教小雨编辑部

联系电话：010-58572825

邮箱：beijiaoxiaoyu@163.com

*此表可复印或抄写寄至上述地址

编者声明

本书的编选，参阅了一些报刊和著作。由于联系上的困难，我们与部分作者未能取得联系，谨致深深的歉意。敬请原作者见到本书后，及时与我们联系，以便我们按国家有关规定支付稿酬并赠送样书。

联系人：北教小雨编辑部

地　址：北京市北三环中路6号北京教育出版社

邮　编：100120

电　话：010-58572825